W0416317

Dorothee Raab

Mein großes Übungsbuch
Deutsch und Mathe
4. Klasse

RICHTIG üben

Mit Illustrationen von
Klaus Pitter und
Karin Schliehe/Bernhard Mark

Cornelsen
SCRIPTOR

Teil 1: Deutsch

1 Grammatik

2 Rechtschreibung

3 Lesen und Texte verfassen

Teil 2: Mathematik

1 Zahlen und Grundrechenarten bis 1 000 000

2 Sachrechnen und Größen

3 Geometrie

Singular (Einzahl) und Plural (Mehrzahl)

Nomen können im Singular (Einzahl) oder im Plural (Mehrzahl) vorkommen.
Du erkennst das Geschlecht der Nomen nur, wenn du den Singular bildest.
Kennzeichne mit Symbolen: m = ■ w = ▲ s = ●

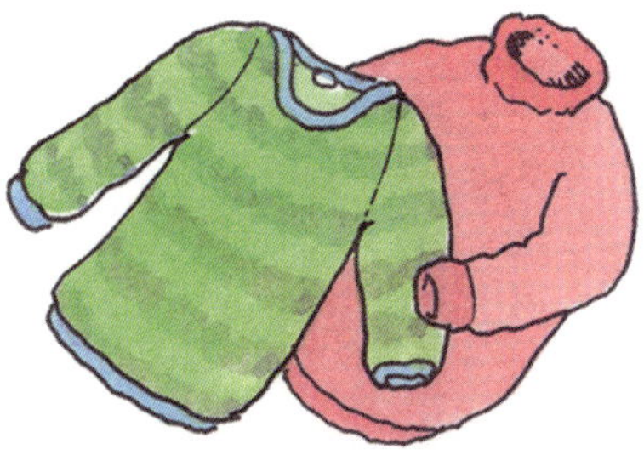

die Pullover → ■ der Pullover

die Radios ______

die Blumen ______

die Treppen ______

die Fenster ______

die Pflanzen ______

die Ketten ______

die Sessel ______

die Wolken ______

die Messer ______

die Lehrer ______

die Hefte ______

die Füller ______

die Boote ______

die Türen ______

die Kinder ______

die Hunde ______

die Tiere ______

die Brote ______

die Tiger ______

Personalpronomen (persönliche Fürwörter)

Setze die passenden Personalpronomen ein.

Personalpronomen (persönliche Fürwörter) sind Stellvertreter für Personen oder Sachen.

Merke dir die Personalpronomen.
Singular: ich, du, er/sie/es
Plural: wir, ihr, sie

Der Gepard ist schnell. Er hat lange Beine.

Die Giraffe ist groß. ______ hat einen langen Hals.

Der Hund bellt. ______ hat Hunger.

Die Mädchen laufen schnell. ______ sind die Sieger.

Die Schlange ist gefährlich. ______ ist giftig.

Der Computer ist defekt. ______ funktioniert nicht mehr.

Die Kinder haben Ferien. ______ reisen an das Meer.

Der Kater schnurrt. ______ wird gestreichelt.

Mein Name ist Charlotte. ______ fahre gern Skateboard.

Der Junge heißt David. ______ spielt gut Baseball.

Das Schweinchen ist niedlich. ______ ist unser Maskottchen.

Das sind meine Freunde. ______ machen alles zusammen.

Da hinten kommen Max und Mia. ______ gehören auch zu uns.

Possessivpronomen (besitzanzeigende Fürwörter)

Ergänze die Sätze mit den fehlenden Possessivpronomen.

Ich habe ein rotes Fahrrad. →	Das rote ist mein Fahrrad.
Du hast ein grünes Fahrrad.	Das grüne ist ______ ______
Er hat ein silbernes Fahrrad.	Das silberne ist ______ ______
Sie hat ein blaues Fahrrad.	Das blaue ist ______ ______
Das Äffchen hat ein gelbes Rad.	Das gelbe ist ______ ______
Wir haben Hollandräder.	Das sind ______ ______
Ihr seid ohne Fahrräder hier?	Wo sind ______ ______?
Meine Großeltern haben keine Räder.	Sie haben ______ Räder verkauft.

Besitzanzeigende Fürwörter heißen Possessivpronomen. Sie sagen, **wem** etwas gehört.

Merke dir:

mein	Buch
dein	Buch
sein, ihr, sein	Buch
unser	Buch
euer	Buch
ihr	Buch

Verben im Infinitiv (Grundform)

Trage die Verben im Infinitiv ein.
Finde die Lösungswörter.

1. VERBINDET
2. KLEBST
3. SCHREIBT
4. HAST
5. ISST
6. TRINKT
7. SINGT
8. MALE
9. FLIEGT
10. KNETEST
11. ZUPFT
12. REGIERT
13. BIST
14. LIEBST
15. TASTET
16. REIBST
17. VERBIETEST

VERBINDEN

Lösungswörter:

__ __ __ __ __ __   __ __   __ __ __ __ __ __ __ __ __
1 2 3 4 5 6   7 8   9 10 11 12 13 14 15 16 17

Schreibe alle Verben im Infinitiv auf.
Achte auf die Kleinschreibung.

1. verbinden,

Zeitformen des Verbs: Präsens (Gegenwart)

Schreibe auf, was die Kinder gerade tun.

Julius Moritz Johann Helene

laufen, malen, baden, basteln, schießen, tauchen, schneiden, graben, kleben, schwimmen, rennen, harken, pflanzen, gießen

Julius läuft. Er schießt. Er rennt.

Futur (Zukunft)

Trage die fehlenden Wörter ein.

Aus dem Küken wird ein Hahn ________.
Er wird laut ____________________

Aus der Raupe wird ein ____________________
Er ____________________

Aus dem Fohlen wird ein ____________________
Es ____________________

Aus dem Kalb wird eine ____________________
Sie ____________________

Aus dem Ei wird ein ____________________
Es wird ____________________

Hahn, krähen – Schmetterling, fliegen – Pferd, laut wiehern – Kuh, Milch geben – Huhn, Eier legen

Präsens	**Futur**
er kräht	er wird krähen
er fliegt	er ________
es wiehert	es ________
sie gibt	________
sie legt	________

Präteritum (1. Vergangenheit)

Schreibe auf, wie es war, als du klein warst. Benutze das Präteritum. Die Wörter helfen dir dabei.

sang hatte baute bekam aß glaubte lernte lief ~~schlief~~ spielte

1. Ich schlief im Gitterbett.
2. Ich ______ mit Stofftieren.
3. Ich ______ am liebsten Brei.
4. Ich ______ schwimmen.
5. Ich ______ ein Laufrad.
6. Ich ______ Kinderlieder.
7. Ich ______ Angst vor Gespenstern.
8. Ich ______ mit Lego.
9. Ich ______ an den Nikolaus.
10. Ich ______ mit meiner Laterne.

Verbinde Präsens und Präteritum.

ich gehe	ich rufe
ich rief	ich hörte
ich laufe	ich kam
ich höre	ich ging
ich komme	ich lief

Perfekt (2. Vergangenheit)

Bilde die Perfekt-Form.

Infinitiv	Personal-pronomen	Hilfsverb	Partizip
lesen	ich	habe	gelesen
kaufen	ich		
malen	du		
schreiben	er		
schneiden	ihr		
essen	wir		
rennen	ich	bin	gerannt
fahren	du		
springen	er		
laufen	wir		
kommen	ihr		

Hilfsverb:	sein
ich	bin
du	bist
er, sie, es	ist
wir	sind
ihr	seid
sie	sind

Hilfsverb:	haben
ich	habe
du	hast
er, sie, es	hat
wir	haben
ihr	habt
sie	haben

Plusquamperfekt (Vorvergangenheit)

Bilde das Plusquamperfekt und unterstreiche das Hilfsverb.

Präsens	Plusquamperfekt
ich schreibe	ich hatte geschrieben
er sieht	
du hörst	
wir schlafen	
es fragt	
sie spielt	
ich springe	
er läuft	
sie geht	
wir rennen	

Was gehört zusammen? Ergänze die passende Zahl.

Plusquamperfekt (Das war vorher geschehen.)	**Präteritum** (Das geschah gestern.)
1 Weil ich keine Turnschuhe mitgenommen hatte,	☐ er konnte nicht mehr fahren.
2 Der Busfahrer hatte zu viel getrunken,	☐ saß ich beim Sportunterricht auf der Bank.
3 Es hatte tagelang geregnet.	☐ Sie wussten, wann keiner zu Hause war.
4 Die Einbrecher hatten das Haus lange Zeit beobachtet.	☐ Der Fluss trat über das Ufer.

Steigerung von Adjektiven

Adjektive lassen sich steigern. Trage die fehlenden Formen ein.

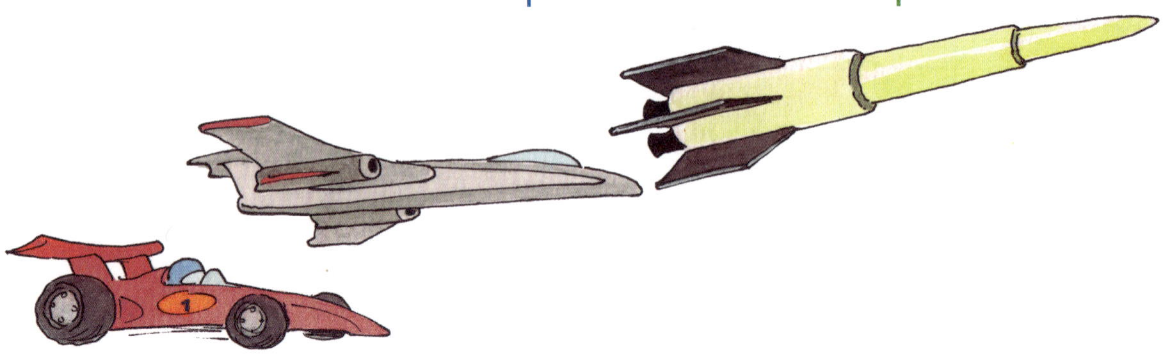

Grundstufe	1. Steigerungsstufe Komparativ	2. Steigerungsstufe Superlativ
schnell	schneller	am schnellsten
klein	kleiner	am kleinsten
groß		
	schwerer	
		am lautesten
	älter	
wenig		
viel		
gut		
		am höchsten

Welche Adjektive fehlen?

Vater ist ______________ als Mutter.

Tom springt ______________.

Der Elefant ist ______________ als du.

Großvater ist ______________ als Vater.

Der Gepard läuft ______________.

Satzglieder im Satz

Bilde aus den Satzteilen drei sinnvolle Sätze.

der Hund | im Garten | seinen Knochen | vergräbt

unter den Kellerschrank | schnell | eine kleine Maus | huscht

Das Subjekt (Satzgegenstand)

Stelle die Frage nach dem Subjekt im Satz.
Unterstreiche das Subjekt.

1. Vater liest Zeitung.
   Wer liest die Zeitung? Vater ______________

2. Der Hund frisst sein Futter.
   Wer frisst sein Futter? der ______________

3. Die Schule brennt!
   Was brennt? ______________

4. Auf der Wiese turnen die Kinder.
   Wer ______________

5. Der Löwe brüllt laut.
   Wer ______________

6. Die Sonne scheint am Himmel.
   Was ______________

7. Mutter fährt mit dem Auto.
   ____

8. Paul singt einen Hit.
   ____

Das Subjekt (Satzgegenstand) im Satz findest du mit der Frage: „Wer (oder was) tut etwas?“ Es steht immer im 1. Fall (Nominativ).

Das Prädikat (Satzaussage)

Suche das Prädikat. Unterstreiche und notiere es.

	Prädikat
Die Kinder spielen im Garten.	spielen
Peter schießt einen Fußball in die Fensterscheibe.	
Das Glas klirrt.	
Der Hausmeister schimpft.	
Erschrocken rennen die Kinder davon.	
Nur Peter nicht, er läuft zum Hausmeister.	
Er entschuldigt sich bei ihm.	
Abends erzählt er alles seinen Eltern.	
Zum Glück schimpfen sie nicht.	
Ihre Versicherung zahlt den Schaden.	

Das Dativobjekt

Schau dir die Bilder genau an, dann weißt du, wer wem den Geldkoffer gibt.
Ergänze die Sätze und finde die passende Frage.

1. Der Räuber gibt den Geldkoffer ______
   Wem gibt der Räuber den Geldkoffer? ______

2. Die Maus schenkt den Geldkoffer ______
   Wem ______

3. Der Bär überreicht den Geldkoffer ______
   ______

4. Der Hase gibt den Geldkoffer ______
   ______

5. Die Mäuse bringen den Geldkoffer ______
   ______

Das Akkusativobjekt

Wie heißen die Sätze richtig? Schreibe sie auf und unterstreiche das Akkusativobjekt.

Der Polizist verfolgt das Baby.
Die Mutter füttert den Schmuck.
Der Fischer braucht die 7 Geißlein.
Der Händler verkauft den Räuber.
Der Räuber entwendet die Sterne.
Julius bekommt die Prinzessin.
Der Astronom beobachtet seine Großmutter.
Rotkäppchen besucht das Netz.
Der Wolf überlistet ein Fahrrad.
Der Froschkönig liebt das Auto.

1. Der Polizist verfolgt den Räuber.
   Wen verfolgt der Polizist? den Räuber
2.

Das Akkusativobjekt findest du mit der Frage „Wen oder was?“. Es steht immer im 4. Fall (Akkusativ).

Groß- und Kleinschreibung

Ordne die Wörter richtig ein. Achte darauf, ob du sie am Anfang groß- oder kleinschreibst.

JAGEN	~~MÄUSE~~	DICK
KATZEN	FAUL	HUNDE
BELLEN	FRECH	SPIELEN
KINDER	JUNGE	LAUFEN
NETT	MÄDCHEN	KLUG
KAUFEN	BRUNNEN	BRENNEN
BODEN	ALT	EINFACH
DUNKEL	FREI	RUFEN
FREUNDE	KRANK	HÖREN

Nomen

die Mäuse

Adjektive

Verben

Nomen mit Endungen (-ung, -heit, -keit …)

Immer zwei Teile bilden zusammen ein Nomen.
Schreibe alle Nomen mit Artikel auf.

1 ähnlich	1 die Ähnlichkeit	heit
2 geheim	2	nis
3 belohn		heit
4 geschwindig		1 keit
5 erzähl		ung
6 ergeb		heit
7 dunkel		tum
8 frei		ung
9 eigen		keit
10 faul		nis
11 mann		schaft
12 zeug		nis
13 feind		schaft
14 verwandt		schaft

Wörter mit den Endungen **-ung, -heit, -keit, -tum, -schaft, -nis** sind Nomen. Nomen schreibe groß.

Adjektive mit -ig oder -lich

Ergänze vor den Nomen das fehlende Adjektiv. Trage dann die fehlende Endung **-ig** oder **-lich** ein. Ordne die Adjektive.

hungrig	der	hungrige	Löwe
schreck____	das	____	Wetter
plötz____	das	____	Gewitter
schmutz____	das	____	Hemd
langwei____	das	____	Buch
richt____	die	____	Aufgabe
herr____	das	____	Wetter
kräft____	der	____	Sportler
gefähr____	das	____	Abenteuer
glück____	die	____	Gewinnerin
neugier____	die	____	Nachbarin
wicht____	die	____	Nachricht
lust____	der	____	Film

Wörter mit -ig am Ende

Wörter mit -lich am Ende

Aus Adjektiven werden Nomen

Trage die fehlenden Adjektive in der richtigen Form ein und schreibe die Sätze auf.

1. Wer klein ist, geht in den Kindergarten.
   Die Kleinen gehen in den Kindergarten.
2. Wer groß ist, geht in die Schule.
   ________ gehen in die Schule.
3. Wer erwachsen ist, geht zur Arbeit.
   ____
4. Wer krank ist, geht zum Arzt.
   ____
5. Wer müde ist, muss schlafen.
   ____
6. Wer alt ist, braucht oft eine Brille.
   ____
7. Wer sportlich ist, ist im Turnverein.
   ____
8. Wer traurig ist, lacht selten.
   ____

Aus Adjektiven werden Nomen

Welche Adjektive fehlen in den Sätzen?
Trage sie in der richtigen Form ein.
Achte auf die Großschreibung und schreibe die Sätze auf.

Er traf genau ins Schwarze.
Im Winter gehe ich ohne Schal nicht ins ________.
Jonas hat im ________ keine Angst.
Wenn ich aus dem Kino ins ________ komme,
blinzle ich mit den Augen.
Morgen machen wir eine Fahrt ins ________
und picknicken im ________.
Die Reise führt ins ________.
Wir hoffen, es kehrt sich alles zum ________.

frei schwarz dunkel hell blau grün ungewiss gut

Er traf ____

Der Artikel
versteckt sich oft:

ins	=	in das
im	=	in dem
fürs	=	für das
vom	=	von dem
beim	=	bei dem
zum	=	zu dem

Wenn du ihn findest, merkst du leicht, dass aus dem Adjektiv ein Nomen geworden ist, das du großschreiben musst.

Aus Adjektiven werden Nomen

Trage in den Sätzen die passenden Adjektive ein.
Achte auf die Großschreibung. Schreibe die Sätze auf.

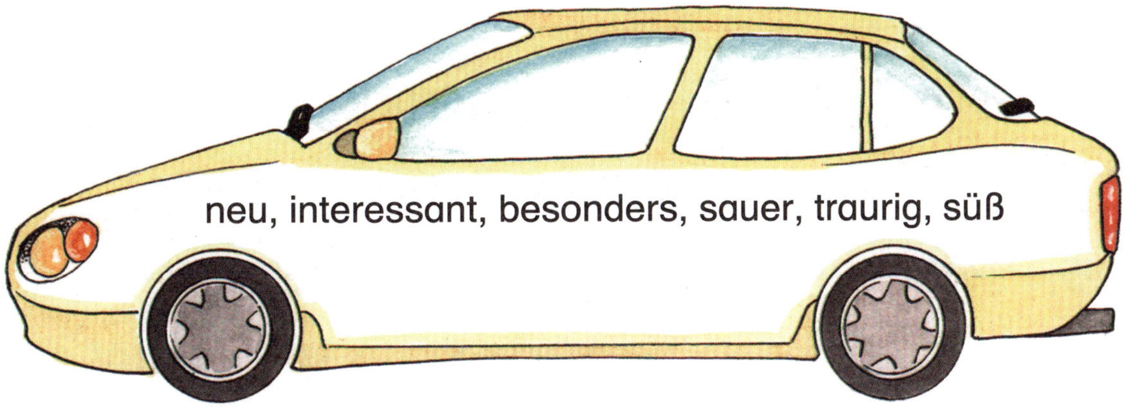

An diesem Auto ist doch nichts Besonderes.

In der Zeitung steht täglich etwas

Im Fernsehen finde ich immer etwas

Er mag alles

Die Prinzessin erlebte viel

Ich esse nichts

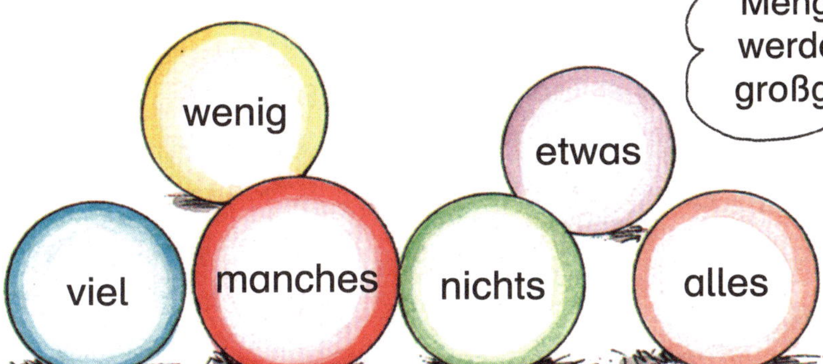

Aus Verben werden Nomen

Trage die Verben in der richtigen Form in die Sätze ein.
Achtung: Achte jetzt auf die Großschreibung der Verben.

Das Stören ______________ im Unterricht ist verboten!

Das ______________ in der Klasse ist verboten!

Das ______________ mit dem Stuhl ist verboten!

______________ anderer Kinder ist verboten!

______________ auf den Boden ist verboten!

______________ in unser Heft ist verboten!

______________ auf dem Tisch ist verboten!

stört stören gestört
schreien schreit geschrien
wackeln wackelte gewackelt
ärgert ärgern geärgert
spucken gespuckt spuckt
geschmiert schmieren schmiert
saß sitzen gesessen

Aus Verben werden Nomen

Welche Satzteile passen zusammen?
Schreibe die Sätze richtig auf.

1	Johanna geht mit dem Handtuch		vom Schwimmen.
2	Max hilft in der Küche		zum Lesen.
3	Hauke geht montags		beim Rechnen.
4	Susi hilft Bernd	6	zum Schreiben.
5	Robert braucht eine Brille		beim Abwaschen.
6	Esther braucht einen Stift	1	zum Schwimmen.
7	Christian bekam Muskelkater		vom Wandern.
8	Miriam bekam nasse Haare		zum Turnen.

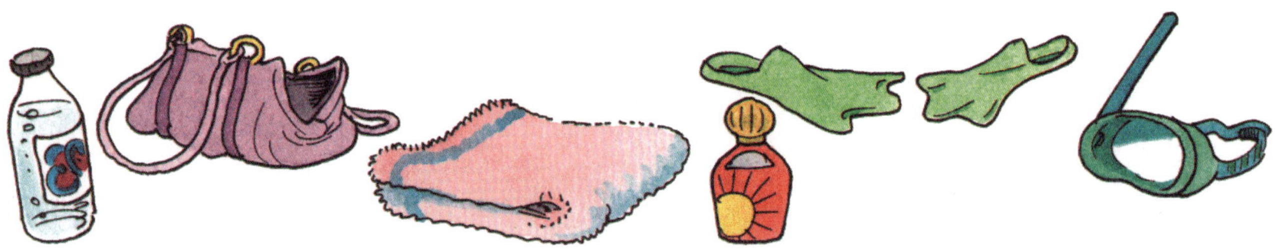

Johanna geht mit dem Handtuch zum Schwimmen.

Nach **zum** (zu dem), **vom** (von dem), **beim** (bei dem) schreiben wir Verben groß.

Dopplung von Konsonanten (Mitlauten)

Lies die Wörter laut und ordne sie richtig ein.

Sattel, Tal, Dattel, Hase, Schaf, Schwamm, Schere, Nebel, Felle, Welle, Wette, retten, Mann, Zahn, Dame, Schwan, Mutter, Feder, Regen, rot, tot, Strom, Hahn, Halle, Mappe, Fibel, Ritter, Glut, Mut, Hebel, Fett, Beet, Bett

Wörter mit langem Vokal	**Wörter mit kurzem Vokal**
Beet,	Bett,

Nach einem kurz gesprochenen, betonten **Vokal** (Selbstlaut) wird der nachfolgende **Konsonant** (Mitlaut) verdoppelt.

Zusammengesetzte Nomen mit ss

Suche zusammengesetzte Nomen. Male in der gleichen Farbe an, was zusammenpasst. Schreibe die Nomen auf.

- Ess
- Fress
- Schloss
- Mess
- Hasel
- Wein
- Pass
- Spuk
- Haustür
- Taschen
- Ohren
- Sack
- Kaffee
- Fluss

1 ______
2 ______
3 Schlossgespenst
4 ______
5 ______
6 ______

- Napf
- Gespenst
- Zimmer
- Schloss
- Nuss
- Foto
- Becher
- Fass
- Messer
- Schlüssel
- Bett
- Gasse
- Sessel
- Tasse

Nach einem kurz gesprochenen, betonten Vokal (Selbstlaut) steht **ss.**

Lange Vokale (Selbstlaute)

Schreibe die Nomen mit langem Vokal auf.
Setze den Artikel davor.

Sand, Tal, Hase, Stab, Strom, Frosch, Zahn, Hut, Dame, Dach, Land, Bote, Schwamm, Schere, Nebel, Fibel, Mast, Fels, Zelt, Heft, Geld, Feder, Regen, Hebel, tot, Bett, Beet, Hahn, Hand, Rost, Gast, Mist, Blume, Kran, Plan, Schwan, Mut, Glut, Mann

Wörter mit langem Vokal

das Schaf,

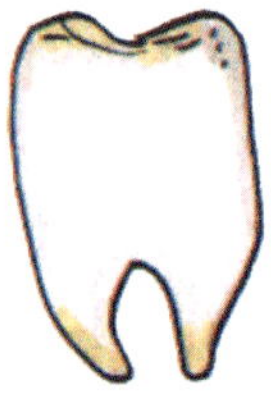

ss oder ß?

Lies die Wörter genau und überlege, ob der betonte Vokal lang oder kurz gesprochen wird. Ergänze die fehlenden Buchstaben. Schreibe die Wörter auf.

	lang	kurz	
1. genie ß en	x		1. genießen
2. me ___ en			2.
3. flie ___ en			3.
4. schie ___ en			
5. fre ___ en			
6. e ___ en			
7. schlie ___ en			
8. Fü ___ e			
9. pre ___ en			
10. sü ___ e			
11. Kü ___ e			
12. Grü ___ e			
13. gro ___ e			
14. Nu ___			
15. Klo ___			
16. Flo ___			

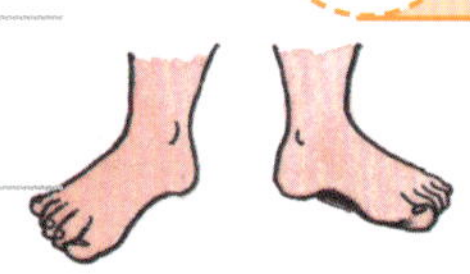

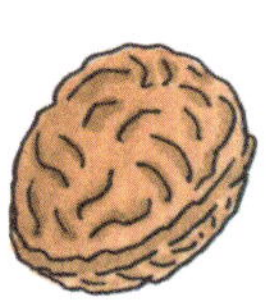

Ähnlich klingende Konsonanten am Wortende

d oder **t?** Welcher Buchstabe fehlt am Wortende?
Trage ihn ein und schreibe wie im Beispiel.

Bild	Bilder	das Bild
Lich___		
Klei___		
Mona___		
Stif___		
run___		
Boo___		
Pfer___		
har___		
Stran___		
leich___		
Grun___		
frem___		
kal___		
blin___		

g oder k, b oder p?

Findest du die zusammengesetzten Nomen?
Ergänze **g, k, b** oder **p** und schreibe sie auf.

FLUG	TA__
SONN	NIS
ZEU__	ZEUG
BAHN	SAHNE
SCHLA__	STEI__
SCHREI__	TISCH
DIE__	GEL__
KLE__	STAHL
EI	STOFF
HAL__	SAUGER
STRAND	ZEIT
STAU__	KOR__
HAU__T	REISE
URLAU__S	STADT

1. Flugzeug
2.
3.
4.

Eine Lügengeschichte

Lies die Geschichte und beantworte die Fragen auf Seite 33.

Eine Lügengeschichte

Die Marsolanis leben auf dem Mars. Heute wollen sie einen Ausflug zur Erde machen. Damit sie sich richtig benehmen können, lernen sie, was auf der Erde erlaubt ist und was man nicht tun darf. Mio Mars liest von einem großen Bildschirm die Regeln vor:

Das Spucken auf den Boden ist verboten,
aber das Spucken ins Waschbecken ist erlaubt.
Das Werfen mit Bällen ist erlaubt,
aber das Werfen mit Hunden ist verboten.
Das Schlafen auf Autodächern ist verboten,
aber das Schlafen in Betten ist erlaubt.
Das Schneiden mit Messern ist erlaubt,
aber das Stechen mit Messern ist verboten.
Das Turnen in der Kirche ist verboten,
aber das Turnen auf dem Sportplatz ist erlaubt.

Mio Mars schwirrt der Kopf. Wie soll er sich das alles merken?
Leise wiederholt er die wichtigsten Sätze:
Das Schlafen im Waschbecken ist erlaubt.
Das Turnen auf Autodächern ist erlaubt.
Das Spucken in Betten ist erlaubt. Aber mehr fällt ihm nicht ein.
Mio Mars hat Angst, alles falsch zu machen.
Deshalb fasst er einen Entschluss: Er bleibt mit seinen Freunden lieber auf dem Mars. Und jetzt weißt du auch, warum man bei uns auf der Erde noch nie einen Marsmenschen gesehen hat!

Eine Lügengeschichte

Kreuze die richtigen Antworten an.

1. Die Marsbewohner heißen
   - ☐ Marsalinos.
   - ☐ Marsalonis.
   - ☐ Marsolanis.
   - ☐ Marsmilonis.

2. Die Verhaltensregeln für die Erde stehen
   - ☐ auf einer riesigen Wandtafel.
   - ☐ in einem dicken Lexikon.
   - ☐ auf einem großen Bildschirm.
   - ☐ auf einem Plakat.

3. Was ist bei den Erdbewohnern verboten?
   - ☐ Das Werfen mit Bällen
   - ☐ Das Schlafen auf Autodächern
   - ☐ Das Schneiden mit Messern
   - ☐ Das Werfen mit Hunden

4. Warum bleibt Mio lieber auf dem Mars?
   - ☐ Er hat Angst vor der Reise.
   - ☐ Er bekommt so schnell Heimweh.
   - ☐ Er kann sich die Regeln der Erdlinge nicht merken.
   - ☐ Er hat keine Ferien.

Ein Rezept schreiben

Lukas möchte Spaghetti kochen. Lies die Stichwörter und ordne sie in die richtige Reihenfolge.

- [ ] auf Teller füllen
- [ ] Prise Salz dazugeben
- [ ] Spaghetti einfüllen
- [ ] Nudeln in warmer Butter schwenken
- [ ] 8 Minuten kochen
- [ ] umrühren
- [1] Topf mit Wasser füllen
- [ ] weiche Nudeln in Sieb schütten
- [ ] Wasser erhitzen, bis es kocht
- [ ] abtropfen lassen
- [ ] Nudeln lauwarm abspülen
- [ ] Butter in Topf erwärmen

Ein Rezept schreiben

Schreibe auf, wie man Spaghetti kocht. Die Stichwörter von Seite 34 helfen dir. Verwende die Befehlsform.

Spaghetti

1. Fülle Wasser in einen Topf.
2.

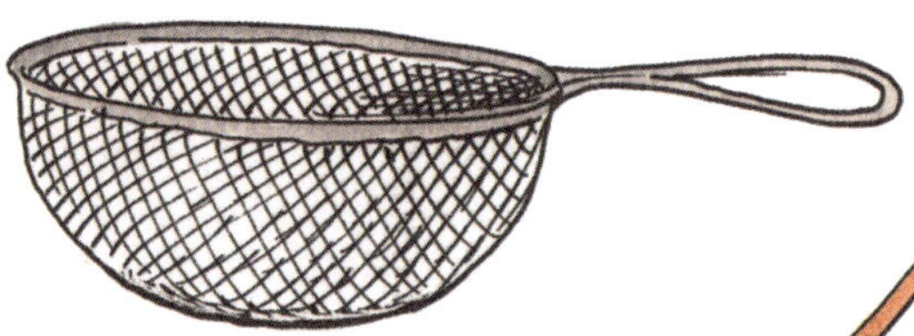

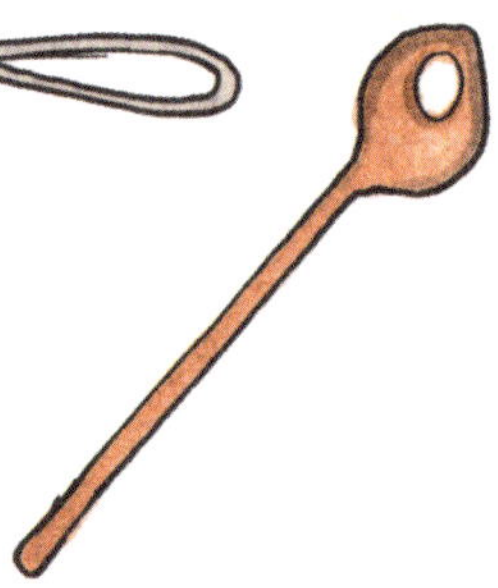

Gegenstände beschreiben

Lukas hat im Schwimmbad seine Armbanduhr vergessen. Als er am nächsten Tag den Bademeister fragt, muss er seine Uhr ganz genau beschreiben. Kreise die passenden Begriffe ein oder ergänze sie.

Farbe und Material des Armbands

rot, schwarz, gelb, braun, Leder, Metall

Form des Uhrengehäuses

eckig, rund, oval

Uhrglas

gewölbt, flach

Uhrzeiger

rot, schwarz, gelb

Zifferblatt

weiß, schwarz, farbig

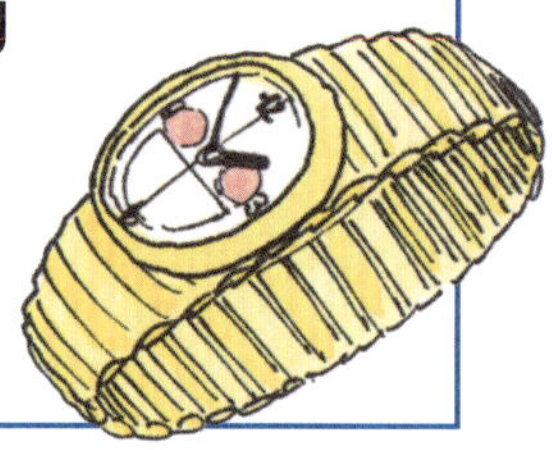

Stundenanzeige

Zahlen, Striche, Punkte

Minutenanzeige

Zahlen, Striche, Punkte

Digitaluhr

digitale Zeitangabe

Besondere Merkmale

Datumsanzeige, Tierform, Sekunden-anzeiger

So sieht Lukas' Uhr aus!

Gegenstände beschreiben

Kannst du deine Uhr beschreiben? Notiere Stichwörter zu den Punkten 1 bis 9. Schreibe dann einen vollständigen Text.

1. Farbe und Material des Armbandes
2. Form des Uhrengehäuses
3. Uhrglas
4. Uhrzeiger
5. Zifferblatt
6. Stundenanzeiger
7. Minutenanzeiger
8. Digitaluhr
9. Besondere Merkmale

So sieht meine Uhr aus:

Einen Bericht verfassen

Schau dir das Bild an und unterstreiche in dem Bericht alle Wörter oder Satzteile, in denen W-Fragen beantwortet werden.

Fahrradunfall an der Königsstraße
Am 25.9.2010 ereignete sich an der Abbiegung Königsstraße – Hauptstraße ein Unfall. Gegen zwei Uhr mittags fuhr der Schüler Klaus Hübner (9 Jahre) nach Schulschluss auf der Königsstraße. Er wollte weiter geradeaus der Straße folgen, als ein schnell herannahender PKW plötzlich links in die Hauptstraße abbog.
Der Fahrer übersah dabei das geradeaus fahrende Kind und verursachte den Unfall. Der Junge wurde mit einem gebrochenen Bein und Schürfwunden in das nahe gelegene Krankenhaus eingeliefert. Der Fahrer des PKW stand nach dem Unfall unter Schock und konnte zunächst zum Unfallhergang keine Aussagen machen.

Einen Bericht verfassen

Schreibe einen Bericht, in dem alle Informationen zusammengefasst werden, die Kira und ihre Freundinnen im Polizeibüro dem Polizisten geben. Nimm ein zusätzliches Blatt Papier.

Kira und ihre Freundinnen stürmen in das Polizeibüro. Sie sind sehr aufgeregt und reden alle durcheinander.

Kira: Herr Polizist, heute Nachmittag wollten meine Freundinnen Nora Schnitz, Lisa Heye und ich, Kira May, mit der S-Bahn nach Wuppertal in die Stadt fahren.
Lisa: Ich wollte eigentlich nicht los, weil ja Freitag der 13. ist. Das ist kein gutes Datum, und jetzt haben wir es ja auch!
Kira: Sei mal still, also wir sind an der S-Bahn-Haltestelle Dierbaum.
Nora: Und ich zeige den anderen mein neues Portemonnaie und wie viel Geld ich dabei habe.
Lisa: Da stehen so drei Jungen, wissen Sie, so Rockertypen.
Nora: Die gucken schon immer so, und dann kommen die immer näher.
Lisa: Und dann stellen die sich ganz dicht neben uns.
Kira: Und ich sage zu denen: „Haut ab!“
Nora: Und dann sagt doch einer: „Machen wir!“ und nimmt mein Geld, und alle laufen weg.
Lisa: Aber ein Mann, der mit uns gewartet hat, hat dem einen ein Bein gestellt, dann hat er das Geld fallen gelassen. Wir wollen eine Anzeige gegen die Jungs erstatten.

Stellentafel

Trage die Zahlen in die Stellentafel ein und lies sie laut vor.

1 9 8. 7 3 6

2 6 3 2 8 7 1

9 5 3 2 3 5

8 4 6 4 7 2 3

3 4 6 0 3 5

4 2 5 6 2 1 7

7 0 3 6 4 5 3

3 5 0 3 4 2

5 4 3 6 1 7 9

7 5 3 2 0 8

Mio	HT	ZT	T	H	Z	E

Wir kürzen ab:
E = Einer
Z = Zehner
H = Hunderter
T = Tausender
ZT = Zehntausender
HT = Hunderttausender
Mio = Million

Manche Zahlen sehen riesig aus. Damit du sie besser lesen kannst, trage dir als Hilfe Punkte ein.
Beginne immer von hinten:
E Z H. T ZT HT. Mio
– und achte auf die richtige Reihenfolge!

Zahlen notieren

Bilde aus den Ziffern Zahlen.
Finde die größte und die kleinste Zahl.
Du darfst jede Ziffer nur einmal verwenden.

4 2 6 7 9 1

	Mio	HT	ZT	T	H	Z	E
größte mögliche Zahl		9	7	6.	4	2	1
kleinste mögliche Zahl							

2 9 1 3 5 6 4

	Mio	HT	ZT	T	H	Z	E
größte mögliche Zahl							
kleinste mögliche Zahl							

5 8 7 4 6 3

	Mio	HT	ZT	T	H	Z	E
größte mögliche Zahl							
kleinste mögliche Zahl							

5 4 9 6 8 1 3

	Mio	HT	ZT	T	H	Z	E
größte mögliche Zahl							
kleinste mögliche Zahl							

7 9 1 5 8 2 4

	Mio	HT	ZT	T	H	Z	E
größte mögliche Zahl							
kleinste mögliche Zahl							

Aufrunden und abrunden

Runde die Zahlen auf oder ab. Die farbige Zahl zeigt dir, welche Stelle du runden sollst: den Hunderter, Tausender oder den Zehntausender.

abrunden		aufrunden
31.700	31.745	
	31.745	
	31.745	

abrunden		aufrunden
	49.389	
	49.389	
	49.389	

abrunden		aufrunden
	291.746	
	291.746	
	291.746	

abrunden		aufrunden
	458.571	
	458.571	
	458.571	

Geschickt addieren

Rechne die Aufgaben im Kopf. Wende den Rechentrick an.

4652 + 998 = 5650

4652 + 1000 = 5652
5652 − 2 = 5650

6534 + 999 =
+ 1000 − 1

6534 + 1004 =
+ 1000 + 4

3827 + 995 =
+ 1000 − 5

3827 + 1002 =

7532 + 996 =

7532 + 1003 =

44687 − 1998 =
− 2000 + 2

49753 − 2005 =
− 2000 − 5

62513 − 5991 =
− 6000 + 9

75829 − 6003 =

58721 − 2995 =

65829 − 4003 =

Schriftliches Addieren

Kannst du die Zahlen richtig addieren?
Male die passende Ergebniszahl an.

	15761		
+	63215		

	23614		
+	12352		

	34026		
+	51632		

	24693		
+	34526		
	1	(Übertrag)	
	19		

	42385		
+	36846		
	1	(Übertrag)	
	1		

	35678
+	46759

	49687
+	6899

	13758
+	58195

	38615
+	10132
+	21876

	45678
+	620153
+	335764

	69573
+	189789
+	231679

Addieren mit Überschlag

Rechne alle Aufgaben mit Überschlag.

Aufgabe	Überschlag
35716 + 52897	40000 + 50000
79398 + 54989	
68591 + 34973	
84312 + 19587	
291381 + 4999	
682453 + 40321	

Subtrahieren von Stufenzahlen

Subtrahiere im Kopf. Unterstreiche die Stellen im Ergebnis rot, die sich ändern.

675398 – 30000 = 6<u>4</u>5398

675398 – 3000 =

675398 – 300 =

675398 – 30 =

675398 – 3 =

832567 – 400000 =

832567 – 40000 =

832567 – 4000 =

832567 – 400 =

832567 – 40 =

832567 – 4 =

500000 – 2 =

500000 – 20 =

500000 – 200 =

500000 – 2000 =

500000 – 20000 =

500000 – 200000 =

Schriftlich subtrahieren

Rechne die Aufgabe und male die passenden Lösungsfische an.

1 Erst die Einer: von 2 bis 3 = 1,

```
  76853
– 24612
      1
```

2 dann die Zehner: von 1 bis 5 = 4,

```
  76853
– 24612
     41
```

3 dann die H von 6 bis 8 = 2,

```
  76853
– 24612
    241
```

4 dann die T von 4 bis 6 = 2,

```
  76853
– 24612
   2241
```

5 dann die ZT von 2 bis 7 = 5

```
  76853
– 24612
  52241
```

```
  42639      68974      59768
– 21312    – 28453    – 31427
_______    _______    _______

  98736      91267      57687
–  2314    – 80125    – 35462
_______    _______    _______
```

Zahlenmauern

Welche Zahlen fehlen auf den Steinen?
Rechne sie aus und trage ein.

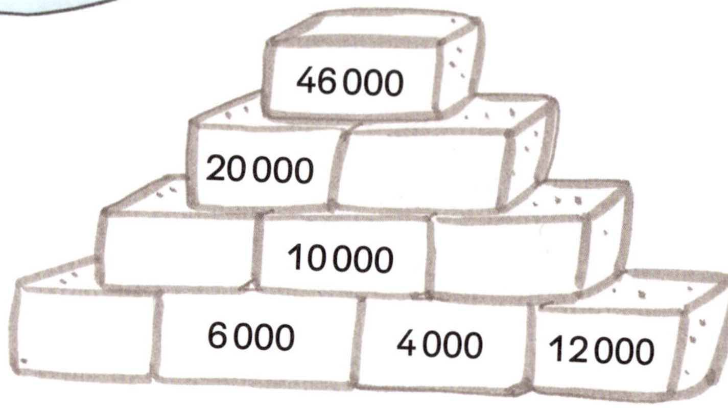

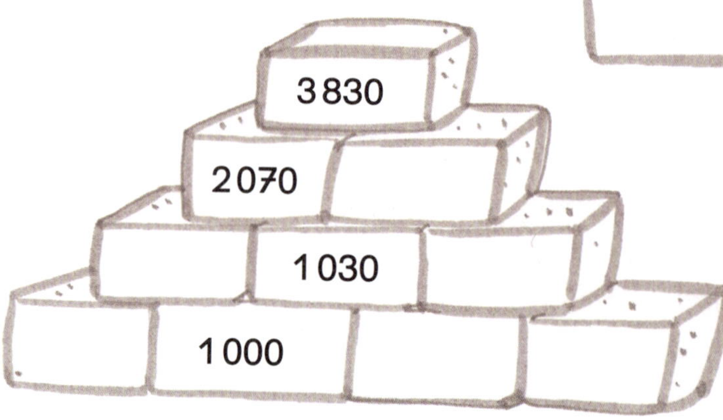

Umkehraufgaben

Rechne die Minusaufgaben und kontrolliere dein Ergebnis mit der passenden Plusaufgabe.

		2	1	5	6	9	2				1	4	6	7	3	9
−			6	8	9	5	3		+			6	8	9	5	3
		1	4	6	7	3	9				2	1	5	6	9	2

		3	6	8	6	2	8						
−			8	6	3	2	1		+				

		7	5	0	0	8	2						
−		4	3	1	2	9	1		+				

	1	0	0	6	3	7	9						
−				4	0	5	9	8	+				

		9	6	8	5	7	0						
−			4	9	9	8	9		+				

Multiplizieren mit Stufenzahlen

Rechne alle Aufgaben. Markiere die „leichte“ Aufgabe gelb.

Aufgabe	T	H	Z	E
3 · 5 =			1	5
3 · 50 =				
3 · 500 =				
3 · 5000 =				
3 · 50000 =				

Aufgabe	T	H	Z	E
6 · 6 =			3	6
6 · 60 =				
6 · 600 =				
6 · 6000 =				
6 · 60000 =				

Aufgabe	T	H	Z	E
7 · 3000 =				
7 · 300 =				
7 · 3 =				
7 · 30 =				
7 · 30000 =				

Aufgabe	T	H	Z	E
8 · 40000 =				
8 · 40 =				
8 · 400 =				
8 · 4 =				
8 · 4000 =				

Aufgabe	T	H	Z	E
9 · 7000 =				
9 · 70 =				
9 · 700 =				
9 · 7 =				
9 · 70000 =				

Aufgabe	T	H	Z	E
4 · 90000 =				
4 · 9 =				
4 · 90 =				
4 · 900 =				
4 · 9000 =				

Geschickt rechnen

Rechne die Aufgaben geschickt und stelle die Zahlen um.

$2 \cdot 3 \cdot 5 =$

$2 \cdot 5 \cdot 3 =$

$10 \cdot 3 = 30$

$4 \cdot 6 \cdot 5 =$

$4 \cdot 5 \cdot 6 =$

$20 \cdot 6 =$

$8 \cdot 9 \cdot 5 =$

$5 \cdot 6 \cdot 2 =$

$4 \cdot 9 \cdot 5 =$

$5 \cdot 5 \cdot 8 =$

$5 \cdot 7 \cdot 2 =$

$6 \cdot 7 \cdot 5 =$

$2 \cdot 9 \cdot 5 =$

$4 \cdot 8 \cdot 5 =$

$8 \cdot 9 \cdot 5 =$

$5 \cdot 8 \cdot 2 =$

$2 \cdot 4 \cdot 5 =$

$6 \cdot 9 \cdot 5 =$

$6 \cdot 8 \cdot 5 =$

$4 \cdot 7 \cdot 5 =$

$4 \cdot 3 \cdot 5 =$

$2 \cdot 9 \cdot 5 =$

Schriftlich multiplizieren

Rechne die Aufgaben aus.

Zuerst:
8 · 4 E = 32 E,

3 2 1 4 · 8
        3
        2

dann:
8 · 1 Z,

3 2 1 4 · 8
      1 3
      1 2

dann:
8 · 2 H,

3 2 1 4 · 8
    1 1 3
    7 1 2

dann:
8 · 3 T.

3 2 1 4 · 8
2 5 7 1 2

4 2 3 6 · 7

5 8 4 9 · 6

7 3 1 6 · 3

5 9 0 6 · 9

4 0 1 8 · 3

9 8 8 9 · 6

Schriftlich multiplizieren mit zweistelligen Zahlen

Rechne die Aufgaben schriftlich.

Z E
2 5 4 3 · 6 2
+

Z E
4 5 9 8 · 1 3
+

Z E
5 0 3 2 · 6 9
+

Z E
7 8 6 3 · 9 7
+

Z E
9 4 6 7 · 8 2
+

Z E
5 3 8 7 · 3 9
+

Multiplizieren mit dreistelligen Zahlen

Rechne die Aufgaben schriftlich und male die passenden Ergebnisse an.

Dividieren mit Stufenzahlen

Kannst du die Aufgaben ausrechnen?

48 : 6 =

480 : 6 =
480 : 60 =

THZE
450 : 90 =
45 : 9 =
45000 : 9000 =
450000 : 900 =
450 : 9 =
4500 : 90 =

THZE
350 : 70 =
35 : 7 =
3500 : 700 =
35000 : 7000 =
350 : 7 =
350000 : 700 =

THZE
360000 : 4000 =
3600 : 400 =
36 : 4 =
36000 : 4000 =
360 : 4 =
36000 : 40 =

THZE
72 : 8 =
7200 : 800 =
720000 : 8000 =
720 : 80 =
72 : 8 =
72000 : 8000 =

THZE
5400 : 6 =
5400 : 60 =
5400 : 600 =

THZE
2700 : 300 =
2700 : 30 =
2700 : 3 =

Schriftlich dividieren

Rechne die Aufgaben schriftlich. Vergleiche deine Ergebnisse.

Zuerst 22 H : 7
Rest 1

T	H	Z	E					H	Z	E
2	2	8	2	:	7	=	3			
− 2	1									
	1									

dann 18 Z : 7
Rest 4

T	H	Z	E					
2	2	8	2	:	7	=	3	2
2	1	↓						
	1	8						
−	1	4						
		4						

dann 42 E : 7
Rest 0

T	H	Z	E				H	Z	E
2	2	8	2	:	7	=	3	2	6
2	1								
	1	8							
	1	4	↓						
		4	2						
	−	4	2						
			0						

2 5 8 8 : 4 = 647
24
 18
 16
  28
  28
  ––

2 3 2 2 : 9 = 258
18
 52
 45
  72
  72
  ––

1 9 4 4 : 6 = 324
18
 14
 12
  24
  24
  ––

2 7 6 8 : 8 = 346
24
 36
 32
  48
  48
  ––

647	346	326	324	258

Dividieren mit Probeaufgaben

Rechne die Geteiltaufgaben und suche die passende Malaufgabe.

```
3012 : 4 = 753
28
 21
 20
  12
  12
   0
```

Probe:

```
753 · 4
3012
```

```
6517 : 7 = 931
63
 21
 21
 --7
   7
  --
```

Probe:

```
931 · 7
6517
```

```
5176 : 8 = 647
48
 37
 32
  56
  56
  --
```

Probe:

```
647 · 8
5176
```

```
2988 : 6 = 498
24
 58
 54
  48
  48
  --
```

Probe:

```
498 · 6
2988
```

Dividieren mit Überschlag

Rechne die Aufgaben aus und mache den Überschlag.
Vergleiche deine Ergebnisse unten.

```
  3480 : 6 = 580          Ü  3600 : 6 = 600
- 30
   48
 - 48
    00
   - 00
      0
```

6860 : 7 =   Ü

9021 : 3 =   Ü

Dividieren mit Rest

Löse die Geteiltaufgaben und mache die Probe.

2436 : 8 = 304

Bei der Probe addierst du zu dem Ergebnis den Rest.
304 · 8 = 2432 + 4

4874 : 7 = R

Probe

63027 : 6 =

Probe

5308 : 9 =

Probe

Addieren und subtrahieren von Geldbeträgen

Rechne die Aufgaben schriftlich.

4,20 € + 54 ct + 6,80 € + 46 ct

Wenn du mit mehreren Geldwerten rechnest, wandle sie alle um in Zahlen ohne Komma oder in Zahlen mit Komma.

```
   4 2 0 ct
+    5 4 ct
+  6 8 0 ct
+    4 6 ct
----------
 1 2 0 0 ct =
 1 2,0 0 €
```

5,25 € + 65 ct + 7,08 € + 98 ct

4,48 € + 123,52 €

```
      4,4 8 €
+ 1 2 3,5 2 €
      1 1
-----------
  1 2 8,0 0 €
```

44,82 € + 27,03 €

15,47 € − 11,26 €

98,45 € − 19,57 €

Wenn du Kommazahlen addierst oder subtrahierst, schreibe Komma unter Komma.

Multiplizieren und dividieren mit Geldwerten

Löse die Aufgaben schriftlich.

Beim Dividieren und Multiplizieren mit Kommazahlen wandle zuerst in Werte ohne Komma um. Schreibe dann das Ergebnis als Kommazahl.

```
4,75 € · 24
 475 ct · 24
    950
   1900
  11400 ct =
  114,00 €
```

6,48 € · 72

5,34 € · 19

8,27 € · 32

87,02 € : 19 =

8702 ct : 19 =

43,01 € : 17 =

89,70 € : 26 =

306,72 € : 48 =

Sachaufgaben

Kannst du die Sachaufgaben lösen?

1. Henri spart für ein neues Fahrrad. Er legt jeden Monat 8,25 € zurück. Wie viel hat er nach einem Jahr gespart?

2. Lenas Großmutter hat bei einem Preisausschreiben 1 138,50 € gewonnen. Sie will das Geld gerecht an ihre 9 Enkelkinder verteilen. Wie viel bekommt jedes?

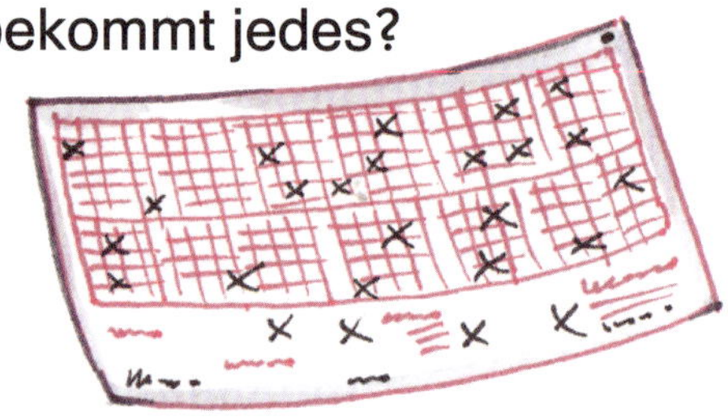

3. Maria erhält im Monat 15 € Taschengeld. Ihr großer Bruder erhält doppelt so viel wie sie. Wie viel Taschengeld bezahlen ihre Eltern für beide Kinder in einem Jahr?

4. Jonas bringt leere Pfandflaschen zurück. Er bekommt für 16 Flaschen je 15 Cent und für 36 Flaschen je 25 Cent. Wie viel Pfand erhält Jonas?

Längen (m, cm, mm)

Rechne die Maßeinheiten um und miss aus.

1 m = 100 cm

1 cm = 10 mm

2 cm = 20 mm
6 cm =
5 cm =
30 cm =
7 cm =
26 cm =
91 cm =

45 mm = 4 cm + 5 mm
103 mm =
68 mm =
4 mm =
72 mm =
201 mm =
122 mm =

mm	cm	mm	Kommazahl cm
15 mm	1	5	1,5 cm
21 mm			
96 mm			
	3	4	
			12,6 cm
	25	1	
	0	9	

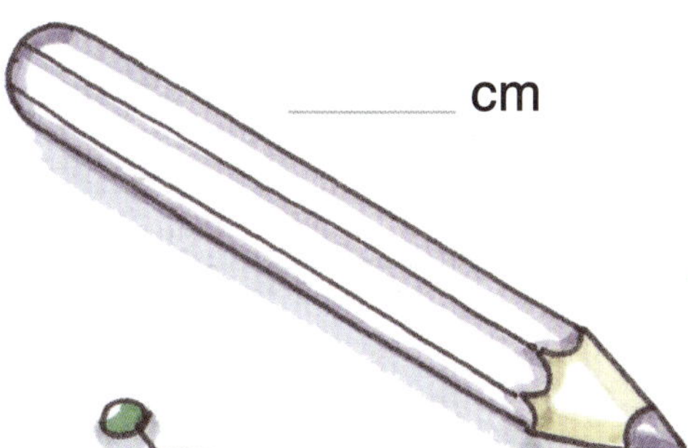
_____ cm

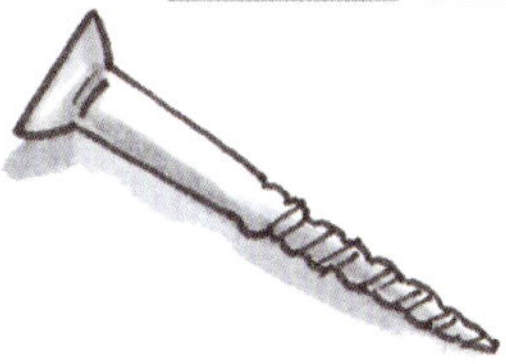
_____ cm

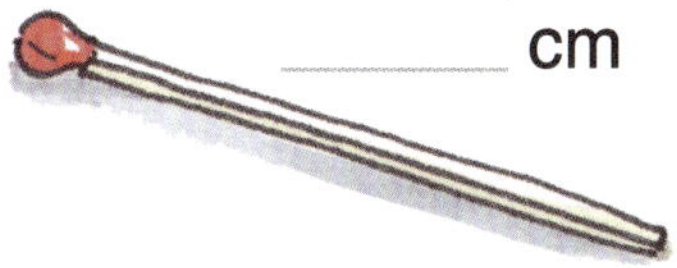
_____ cm

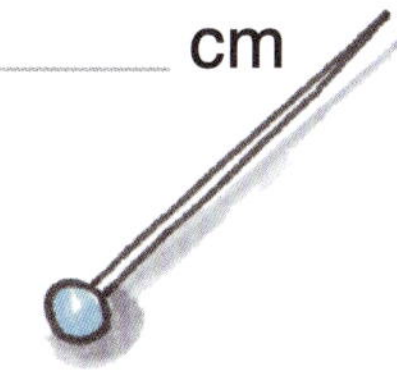
_____ cm

200 cm = m
600 cm = m
1300 cm = m
700 cm = m
2800 cm = m

570 cm = 5 m + 70 cm
332 cm =
901 cm =
496 cm =
21 cm =

Längen (m, km)

1. Berechne die günstigsten Wegstrecken. Schreibe in km.
2. Rechne schriftlich.

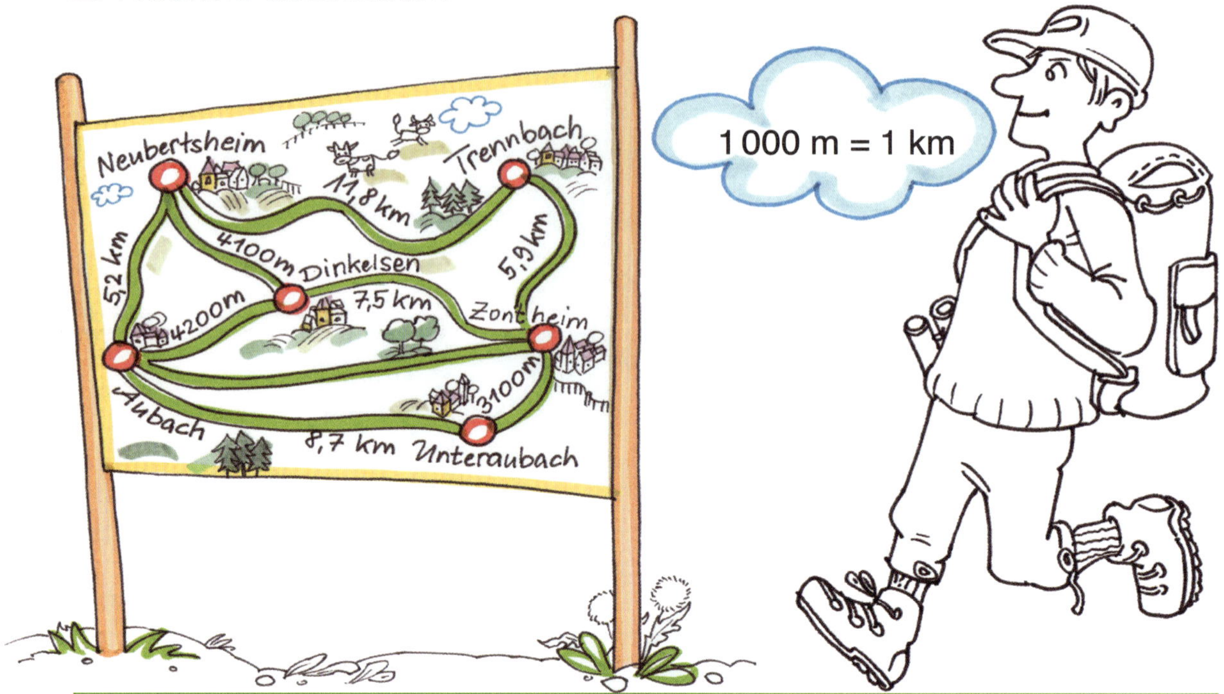

1. von Zontheim nach Neubertsheim	7 500 m + 4 100 m = 7,5 km + 4,1 km =
2. von Aubach nach Trennbach	
3. von Dinkelsen nach Unteraubach	
4. von Trennbach nach Dinkelsen	
5. den Rundweg außen herum	

5 4 4 7 m + 6 km 8 9 5 m

$$\begin{array}{r} 5,447\,\text{km} \\ +\,6,895\,\text{km} \\ \hline \end{array}$$

4 2 6 9 m + 1 km 4 0 9 m

Sachaufgaben und Bruchzahlen

Kannst du die Sachaufgaben lösen?

1 Paul will aus einer Holzleiste einen Bilderrahmen bauen. Der Rahmen soll 46 cm breit und 36 cm hoch sein. Wie lang muss die Leiste sein, die er beim Tischler kauft?

2 Mehmet will quer durch die Küche eine Strecke aus Streichhölzern legen. Die Strecke ist 3,52 m lang. Ein Streichholz ist 4,4 cm lang und 40 Hölzer sind in der Schachtel. Wie viele Streichhölzer muss Mehmet nehmen und wie viele Schachteln braucht er?

Ergänze, was fehlt.

$\frac{1}{2}$ m	50 cm
$\frac{1}{4}$ m	25 cm
$\frac{3}{4}$ m	75 cm
$1\frac{1}{2}$ m	150 cm
$1\frac{1}{4}$ m	125 cm
$2\frac{1}{2}$ m	250 cm

$\frac{1}{2}$ km	500 m
$\frac{1}{4}$ km	250 m
$\frac{3}{4}$ km	750 m
$1\frac{1}{2}$ km	1500 m
$1\frac{1}{4}$ km	1250 m
$2\frac{1}{2}$ km	2500 m

Gewichte (g, kg, t)

Rechne die Gewichte um und schreibe sie mit Komma als Dezimalzahl.

	Kilo	Gramm H Z E		
1 0 0 0 g	1	0 0 0	=	1,000 kg
1 5 2 5 g			=	
2 5 5 2 g			=	
5 2 5 g			=	
2 5 0 g			=	
1 2 5 2 5 g			=	
5 5 2 0 g			=	
2 5 2 5 0 g			=	
1 5 0 2 g			=	
5 g			=	

	Tonne = t	Kilo = kg H Z E		
1 1 6 0 0 kg	1 1	6 0 0	=	11,600 t
1 5 0 0 0 0 kg			=	
4 0 0 0 kg			=	
8 3 0 0 0 kg			=	
1 0 0 0 0 kg			=	
2 2 0 0 kg			=	
3 6 0 0 0 kg			=	
5 3 8 0 kg			=	
7 5 6 kg			=	
1 9 kg			=	
1 5 6 7 5 kg			=	

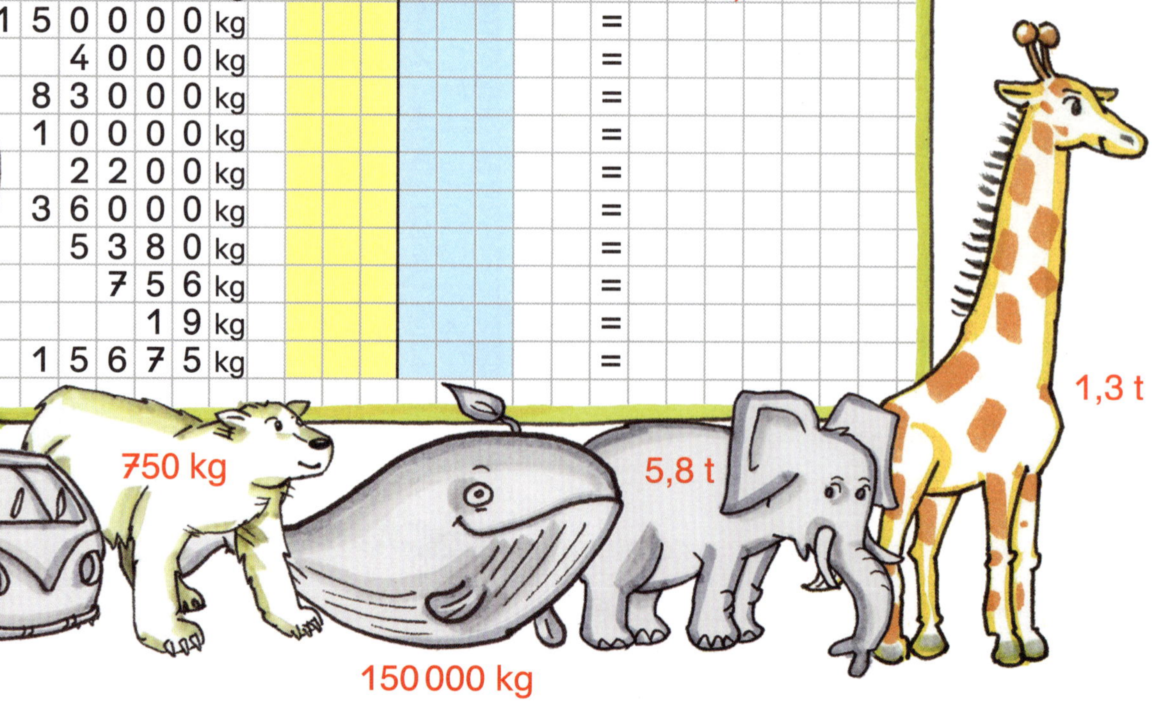

Sachaufgaben

Lies die Sachaufgaben und suche die passende Aufgabe.

1 Ein LKW wiegt leer 3,5 t. Er hat 4 263 kg geladen.
Wie ist sein Gesamtgewicht?

Ich rechne + −

2 Das Gesamtgewicht eines großen Sattelzuges beträgt 40 t.
Er hat 15 236 kg geladen. Wie ist sein Leergewicht?

Ich rechne + −

3 Ein Tankwagen hat 38 750 kg Gesamtgewicht.
Er wiegt leer 15,9 t.
Wie schwer ist seine Nutzlast?

Ich rechne + −

Hohlmaße (ml, l)

Rechne um.

1 Liter = 1000 Milliliter
1 l = 1000 ml

1 l	=	1 0 0 0 ml
6 l	=	ml
8 l	=	ml
4 l	=	ml
2 l	=	ml
7 l	=	ml
9 l	=	ml
3 l	=	ml
10 l	=	ml

Trage richtig in die Tabelle ein.

	Liter = l	ml H Z E	
1,0 l =			= 1 0 0 0 ml
0,7 l =			=
0,2 l =			=
0,3 l =			=
0,4 l =			=

$\frac{1}{2}$ l = 5 0 0 ml	$1\frac{1}{2}$ l = 1 5 0 0 ml
$\frac{1}{4}$ l = 2 5 0 ml	$2\frac{1}{4}$ l = 2 2 5 0 ml
$\frac{3}{4}$ l = 7 5 0 ml	$3\frac{3}{4}$ l = 3 7 5 0 ml

Sachaufgaben

Kannst du die Aufgaben lösen?

1 Die Klasse 4 a kauft für ihr Klassenfest 6 Liter Limonade, 3 Literflaschen Wasser und 3 Literflaschen Apfelsaft. Jedes Kind wird einen halben Liter trinken. Für wie viele Schüler reichen die Flaschen?

~~12 : 2 = 6~~

2 · 12 = 24

2 Der Lebensmittelhändler bestellt 150 Literflaschen Milch, 50 Halbliterpakete Milch und dazu 200 Becher Sahne, mit einem Inhalt von je einem Viertelliter. Wie viel Liter Milch sind es insgesamt? Wie viel Liter Sahne hat er gekauft?

25000 ml

500 · 50 = ~~5000 ml~~

~~250 ml · 200~~

150.000 L + 5.000 L = 155.000 L

200 : 4 = 50 L

3 Bei Familie Wasserfall verbraucht jeder jeden Tag ungefähr 140 l Wasser. Die Familie besteht aus 6 Personen. Berechne den gesamten Wasserverbrauch an einem Tag.

140 · 6 = 840 L

4 Finn bestellt im Restaurant 0,5 l Apfelsaft. Moritz möchte 0,3 l. Wer bekommt das größere Glas?

0,5 L = 500 ml

0,3 L = 300 ml

Zeit (h, min, s)

Wie spät ist es? Trage neben jeder Uhr die richtige Uhrzeit ein.

7.15 Uhr
19.15 Uhr
Viertel nach sieben

11.32 Uhr
23.32 Uhr

4.30 Uhr
16.30 Uhr

Rechne die Zeitangaben um.

180 min = 3 h	390 min = 6 h 30 min	60 s = 1 min
360 min = 6 h	456 min = 7 h 36 min	420 s = 7 min
420 min = 7 h	115 min = 1 h 55 min	180 s = 3 min
540 min = 9 h	612 min = 10 h 12 min	540 s = 9 min
600 min = 10 h	75 min = 1 h 15 min	720 s = 12 min
120 min = 2 h	219 min = 3 h 39 min	120 s = 2 min
240 min = 4 h	119 min = 1 h 59 min	600 s = 60 min
720 min = 12 h	185 min = 3 h 5 min	480 s = 8 min
60 min = 1 h	397 min = 6 h 37 min	6000 s = 600 min
300 min = 5 h	155 min = 2 h 35 min	3000 s = 300 min
660 min = 11 h	466 min = 7 h 46 min	1800 s = 200 min

70 s = 60 s + 10 s = 1 min 10 s

105 s =

97 s =

Zeitspannen berechnen

Rechne aus, wie viel Zeit von der Abfahrt bis zur Ankunft der Züge vergeht.

Startbahnhof	Abfahrt	Fahrtdauer	Ankunft	Zielbahnhof
Hamburg-Altona	14.23	1 h 26 min	15.49	Hannover
Hannover	15.51		16.23	Göttingen
Göttingen	16.25		16.44	Kassel
Kassel	16.46		19.56	Offenburg
Offenburg	19.58	29 min		Freiburg
Freiburg	20.29		21.11	Basel
Basel	21.15		22.15	Zürich

Abfahrt — Ankunft

16.15 —(+ 5 min)→ 16.20 —(+ 40 min)→ 17.00 —(+ 1 h)→ 18.00 Uhr
↓
18.57 Uhr

5 min + 40 min + 1 h + ___ min = ___ h ___ min
= ___ h ___ min

17.41 ——→ 17.50 ——→ 18.00 ——→ 23.00 Uhr
↓
23.27 Uhr

Flächenformen

Zähle die Ecken und Seiten. Ziehe parallele Seiten in der gleichen Farbe nach.

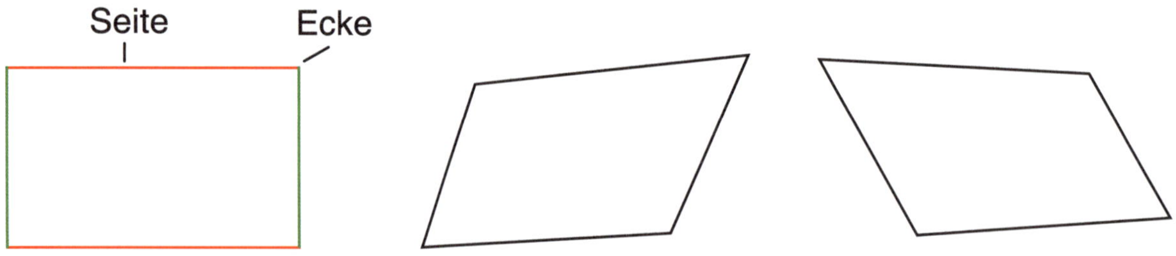

___ Ecken
___ Seiten

___ Ecken
___ Seiten

___ Ecken
___ Seiten

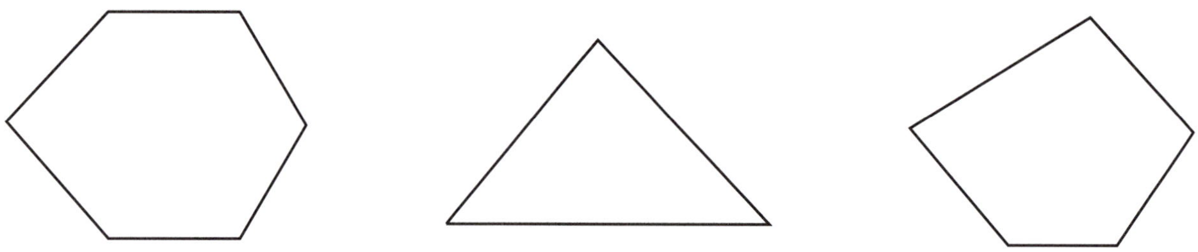

___ Ecken
___ Seiten

___ Ecken
___ Seiten

___ Ecken
___ Seiten

Wie viele Figuren erkennst du in diesem Bild?

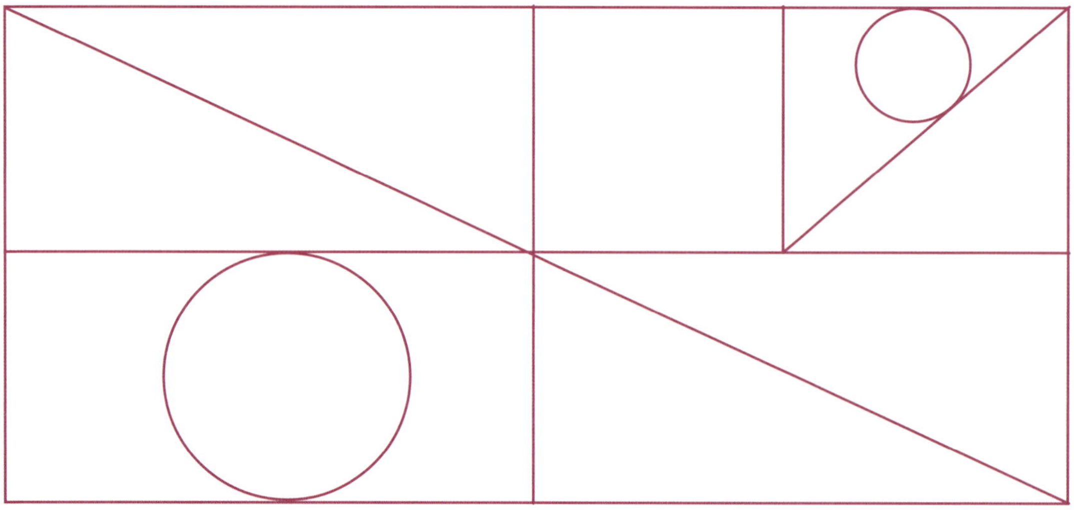

___ Rechtecke
___ Quadrate

___ Dreiecke
___ Kreise

Körper und Körpernetze

Verbinde, was zusammengehört und ergänze die Tabelle.

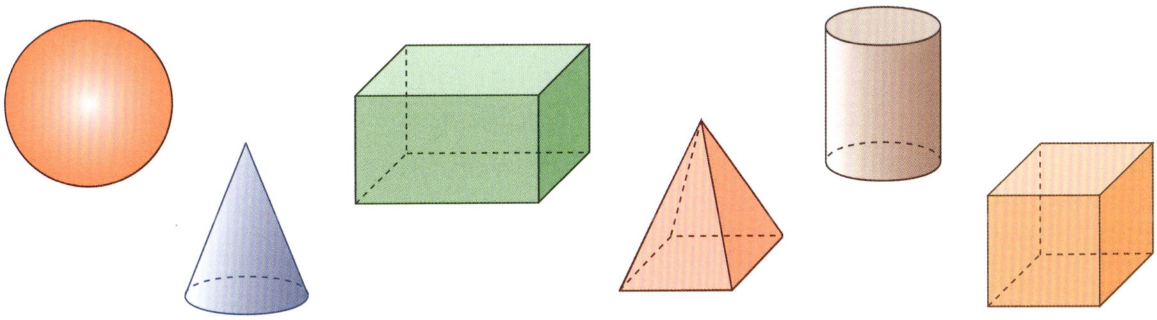

Würfel Zylinder Pyramide Quader Kugel Kegel

Figur	Ecken	Kanten	Anzahl der Flächen	Anzahl der Quadrate	Anzahl der Rechtecke	Anzahl der Dreiecke	Anzahl der Kreise
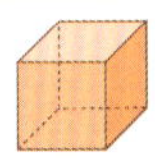	8	12	6	6	6	–	–
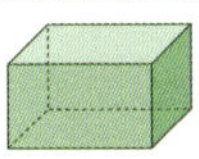							
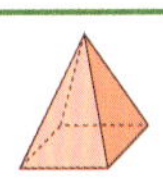							
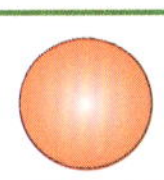							

Zu welchem Körper passen die Körpernetze? Verbinde.

Quader Würfel Zylinder Kugel Pyramide

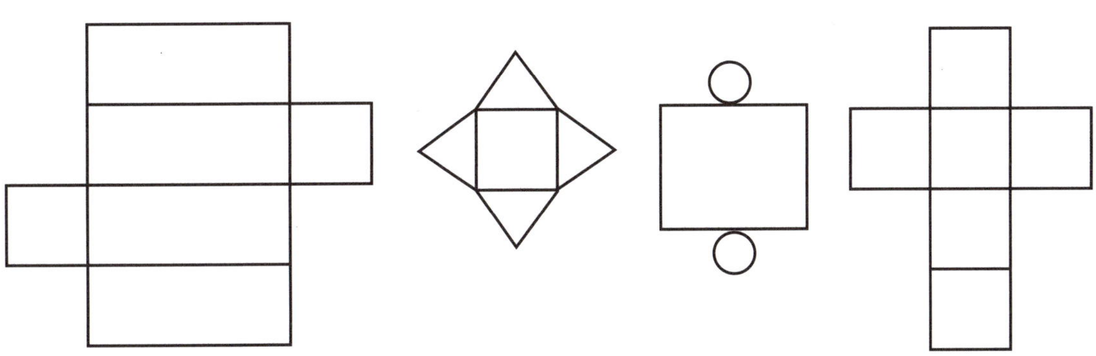

Umfang

Miss die Seiten der Figuren aus und berechne den Umfang U.

4 cm + 4 cm + 3 cm + 3 cm =
2 · 4 cm + 2 · 3 cm = 8 cm + 6 cm = 14 cm
U = 14 cm

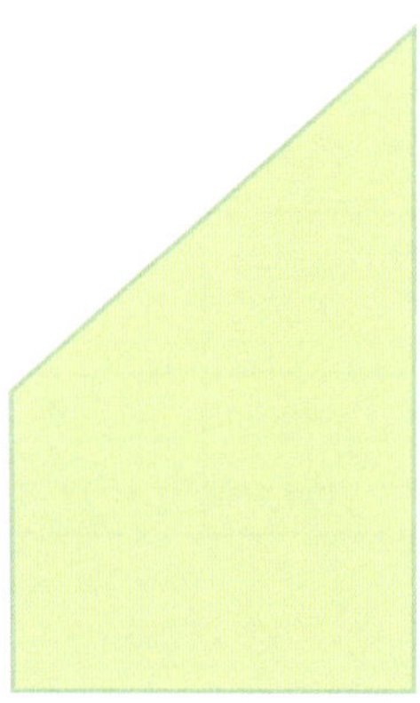

U =

U =

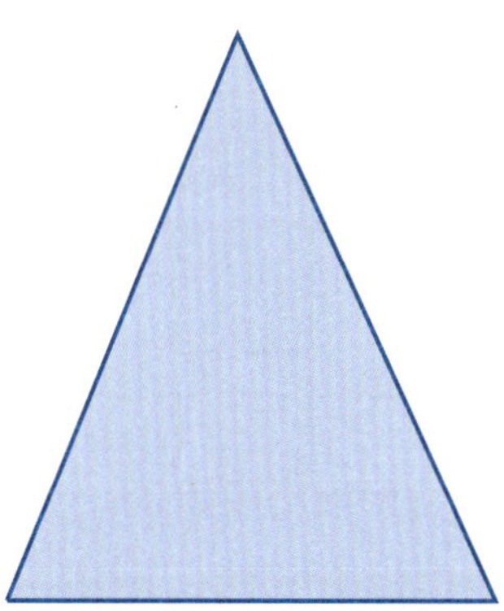

U =

Senkrechte und Parallelen

Zeichne mit dem Geodreieck Senkrechten.

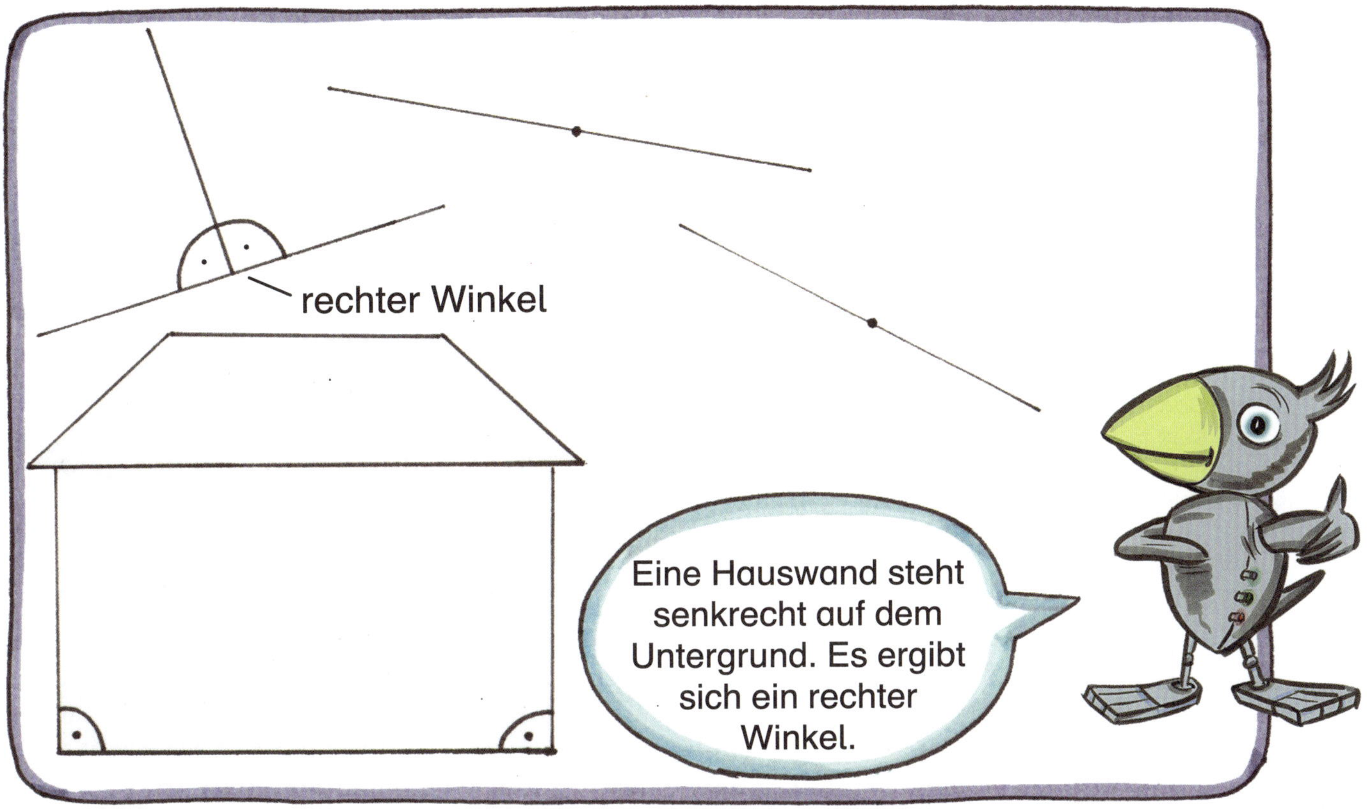

Zeichne vier Parallelen zu a im Abstand von 8 mm.

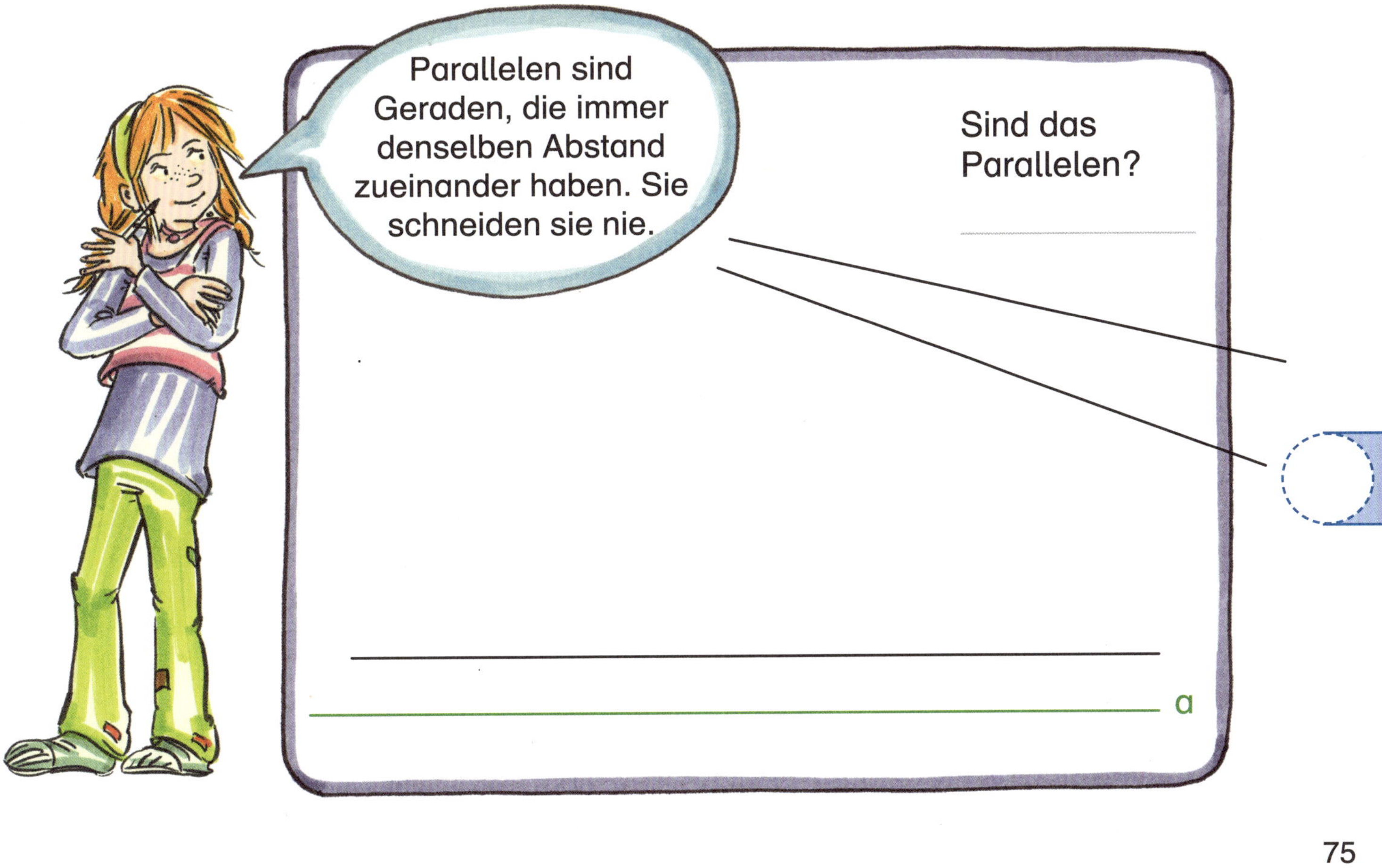

Seite 3
O das Radio, ▲ die Blume, ▲ die Treppe, O das Fenster, ▲ die Pflanze, ▲ die Kette, □ der Sessel, ▲ die Wolke, O das Messer, ▲ die Lehrerin / □ der Lehrer, O das Heft, □ der Füller, O das Boot, ▲ die Türe, O das Kind, □ der Hund, O das Tier, O das Brot, □ der Tiger

Seite 4
– Sie hat ... – Er hat ... – Sie sind ... – Sie ist ... – Er funktioniert ... – Sie reisen ... – Er wird gestreichelt. – Ich fahre ... – Er spielt ... – Es ist ... – Wir machen ... – Sie gehören ...

Seite 5
Das grüne ist dein Fahrrad. – Das silberne ist sein Fahrrad. – Das blaue ist ihr Fahrrad. – Das gelbe ist sein Fahrrad. – Das sind unsere Hollandräder. – Wo sind eure Fahrräder? – Sie haben ihre Räder verkauft.

Seite 6
Lösungswörter: VERBEN IM INFINITIV

Seite 7
Moritz malt. Er bastelt. Er klebt. Er schneidet. Johann gräbt. Er harkt. Er pflanzt. Er gießt. Helene badet. Sie taucht. Sie schwimmt.

Seite 8
... ein Hahn. – Er wird laut krähen. ... ein Schmetterling. – Er wird fliegen. ... ein Pferd. – Es wird wiehern. ... eine Kuh. – Sie wird Milch geben. ... ein Huhn. – Es wird Eier legen.

er wird fliegen, es wird wiehern, sie wird geben, sie wird legen

Seite 9
2. Ich spielte ..., 3. Ich aß ..., 4. Ich lernte ..., 5. Ich bekam ..., 6. Ich sang ..., 7. Ich hatte ..., 8. Ich baute ..., 9. Ich glaubte ..., 10. Ich lief ...

ich gehe – ich ging, ich rief – ich rufe, ich laufe – ich lief, ich höre – ich hörte

Seite 10

Personalpr.	Hilfsverb	Partizip
ich	habe	gekauft
du	hast	gemalt
er	hat	geschrieben
ihr	habt	geschnitten
wir	haben	gegessen
du	bist	gefahren
er	ist	gesprungen
wir	sind	gelaufen
ihr	seid	gekommen

Seite 11
er hatte gesehen, du hattest gehört, wir hatten geschlafen, es hatte gefragt, sie hatte gespielt, ich war gesprungen, er war gelaufen, sie war gegangen, wir waren gerannt

2. er konnte nicht mehr fahren.
1. saß ich beim Sportunterricht auf der Bank.
4. Sie wussten, wann keiner zu Hause war.
3. Der Fluss trat über das Ufer.

Seite 12
groß – größer – am größten, schwer – schwerer – am schwersten, laut – lauter – am lautesten, alt – älter – am ältesten, wenig – weniger – am wenigsten, viel – mehr – am meisten, gut – besser – am besten, hoch – höher – am höchsten

schwerer/kleiner, am höchsten, größer, älter, am schnellsten

Seite 13
Der Hund vergräbt im Garten seinen Knochen. Vergräbt der Hund seinen Knochen im Garten? Seinen Knochen vergräbt der Hund im Garten.

Schnell huscht eine kleine Maus unter den Kellerschrank.
Huscht eine kleine Maus schnell unter den Kellerschrank?
Unter den Kellerschrank huscht schnell eine kleine Maus.

Seite 14
2. Der Hund frisst sein Futter. Wer frisst sein Futter? der Hund, 3. Die Schule brennt! Was brennt? die Schule, 4. Auf der Wiese turnen die Kinder. Wer turnt auf der Wiese? die Kinder, 5. Der Löwe brüllt laut. Wer brüllt laut? der Löwe, 6. Die Sonne scheint am Himmel. Was scheint am Himmel? die Sonne, 7. Mutter fährt mit dem Auto. Wer fährt mit dem Auto? die Mutter, 8. Paul singt einen Hit. Wer singt einen Hit? Paul

Seite 15
schießt, klirrt, schimpft, rennen davon, läuft, entschuldigt, erzählt, schimpfen, zahlt

Seite 16
1. ... der Maus. Wem gibt der Räuber den Geldkoffer? der Maus, 2. ... dem Bären. Wem schenkt die Maus den Geldkoffer? dem Bären, 3. ... dem Hasen. Wem überreicht der Bär den Geldkoffer? dem Hasen, 4. ... den Mäusen. Wem gibt der Hase den Geldkoffer? den Mäusen, 5. ... dem Polizisten. Wem bringen die Mäuse den Geldkoffer? dem Polizisten

Seite 17
2. Wen füttert die Mutter? das Baby, 3. Was braucht der Fischer? das Netz, 4. Was verkauft der Händler? das Auto, 5. Was entwendet der

Räuber? den Schmuck, 6. Was bekommt Julius? ein Fahrrad, 7. Wen beobachtet der Astronom? die Sterne, 8. Wen besucht Rotkäppchen? die Großmutter, 9. Wen überlistet der Wolf? die Geißlein, 10. Wen liebt der Froschkönig? die Prinzessin

Seite 18
Nomen: die Mäuse, die Katzen, die Hunde, die Kinder, der Junge, das Mädchen, der Brunnen, der Boden, die Freunde
Adjektive: dick, faul, frech, nett, klug, alt, einfach, dunkel, frei, krank
Verben: jagen, bellen, spielen, laufen, kaufen, brennen, rufen, hören

Seite 19
2. das Geheimnis, 3. die Belohnung, 4. die Geschwindigkeit, 5. die Erzählung, 6. das Ergebnis, 7. die Dunkelheit, 8. die Freiheit, 9. das Eigentum, 10. die Faulheit, 11. die Mannschaft, 12. das Zeugnis, 13. die Feindschaft, 14. die Verwandtschaft

Seite 20
das schreckliche Wetter, das plötzliche Gewitter, das schmutzige Hemd, das langweilige Buch, die richtige Aufgabe, das herrliche Wetter, der kräftige Sportler, das gefährliche Abenteuer, die glückliche Gewinnerin, die neugierige Nachbarin, die wichtige Nachricht, der lustige Film

Wörter mit -ig: hungrig, schmutzig, langweilig, richtig, kräftig, neugierig, wichtig, lustig
Wörter mit -lich: schrecklich, plötzlich, herrlich, gefährlich, glücklich

Seite 21
2. Die Großen … 3. Die Erwachsenen …
4. Die Kranken … 5. Die Müden …
6. Die Alten … 7. Die Sportlichen …
8. Die Traurigen …

Seite 22
... ins Freie, ... im Dunkeln ..., ... ins Helle ..., ... ins Blaue ... im Grünen, ... ins Ungewisse, ... zum Guten

Seite 23
... etwas Neues. ... etwas Interessantes. ... alles Süße. ... viel Trauriges. ... nichts Saures.

Seite 24
Das Schreien ... Das Wackeln ...
Das Ärgern ... Das Spucken ...
Das Schmieren ... Das Sitzen ...

Seite 25
8 vom Schwimmen. 5 zum Lesen.
4 beim Rechnen. 2 beim Abwaschen.
7 vom Wandern. 3 zum Turnen.

Seite 26
Wörter mit langem Vokal: Beet, Tal, Hase, Schaf, Schere, Nebel, Zahn, Dame, Schwan, Feder, Regen, rot, tot, Strom, Hahn, Fibel, Glut, Mut, Hebel
Wörter mit kurzem Vokal: Bett, Sattel, Dattel, Schwamm, Felle, Welle, Wette, retten, Mann, Mutter, Halle, Mappe, Ritter, Fett

Seite 27
1. Esszimmer, 2. Fressnapf, 3. Schlossgespenst, 4. Messbecher, 5. Haselnuss, 6. Weinfass, 7. Passfoto, 8. Spukschloss, 9. Haustürschlüssel, 10. Taschenmesser, 11. Ohrensessel, 12. Sackgasse, 13. Kaffeetasse, 14. Flussbett

Seite 28
das Tal, der Hase, der Stab, der Strom, der Zahn, der Hut, die Dame, der Bote, die Schere, der Nebel, die Fibel, die Feder, der Regen, der Hebel, tot, das Beet, der Hahn, die Blume, der Kran, der Plan, der Schwan, der Mut, die Glut

Seite 29
2. messen, kurz, 3. fließen, lang, 4. schießen, lang, 5. fressen, kurz, 6. essen, kurz, 7. schließen, lang, 8. Füße, lang, 9. pressen, kurz, 10. süße, lang, 11. Küsse, kurz, 12. Grüße, lang, 13. große, lang, 14. Nuss, kurz, 15. Kloß, lang, 16. Floß, lang

Seite 30
Licht – Lichter, Kleid – Kleider, Monat – Monate, Stift – Stifte, rund – runder, Boot – Boote, Pferd – Pferde, hart – härter, Strand – Strände, leicht – leichter, Grund – Gründe, fremd – fremder, kalt – kälter, blind – blinder

Seite 31
2. Sonntag, 3. Zeugnis, 4. Bahnsteig, 5. Schlagsahne, 6. Schreibtisch, 7. Diebstahl, 8. Klebstoff, 9. Eigelb, 10. Halbzeit, 11. Strandkorb, 12. Staubsauger, 13. Hauptstadt, 14. Urlaubsreise

Seite 33
1. X Marsolanis.
2. X auf einem großen Bildschirm.
3. X das Schlafen auf Autodächern,
X das Werfen mit Hunden
4. X Er hat Angst vor der Reise.

Seite 34/35
1. Fülle Wasser in einen Topf. 2. Erhitze das Wasser, bis es kocht. 3. Gib eine Prise Salz dazu. 4. Fülle die Spaghetti in den Topf ein. 5. Lasse sie 8 Minuten kochen. 6. Rühre dabei um. 7. Schütte die weichen Nudeln in ein Sieb. 8. Lasse sie abtropfen. 9. Spüle die Nudeln

lauwarm ab. 10. Erwärme Butter in einem Topf. 11. Schwenke die Nudeln in warmer Butter. 12. Fülle die Nudeln auf einen Teller.

Seite 36
Farbe und Material des Armbands: braun, Leder – Form des Uhrengehäuses: eckig – Uhrenglas: flach – Uhrenzeiger: schwarz – Ziffernblatt: weiß – Stundenanzeige: Zahlen, Striche – Minutenanzeige: Zahlen, Striche – Besondere Merkmale: goldenes Gehäuse

Seite 41
976.421 – 124.679, 9.654.321 – 1.234.569, 876.543 – 345.678, 9.865.431 – 1.345.689, 9.875.421 – 1.245.789

Seite 42

abrunden		aufrunden
31.700	31.745	
	31.745	32.000
30.000	31.745	

abrunden		aufrunden
	49.389	49.400
49.000	49.389	
	49.389	50.000

abrunden		aufrunden
	291.746	292.000
290.000	291.746	
	291.746	300.000

abrunden		aufrunden
	458.571	459.000
	458.571	460.000
	458.571	500.000

Seite 43
6534 + 999 = 7533 44687 – 1998 = 42689
6534 + 1004 = 7538 49753 – 2005 = 47748
3827 + 995 = 4822 62513 – 5991 = 56522

3827 + 1002 = 4829 75829 – 6003 = 69826
+ 1000 + 2 – 6000 – 3

7532 + 996 = 8528 58721 – 2995 = 55726
+ 1000 – 4 – 3000 + 5

7532 + 1003 = 8535 65829 – 4003 = 61826
+ 1000 + 3 – 4000 – 3

Seite 44

78976	35966	85658
59219		79231
82437	56586	71953
70623	1001595	491041

Seite 45

	Überschlag
35716 + 52897 = 88613	40000 + 50000 = 90000
79398 + 54989 = 134387	80000 + 50000 = 130000
68591 + 34973 = 103564	70000 + 30000 = 100000
84312 + 19587 = 103899	80000 + 20000 = 100000
291381 + 4999 = 296380	291000 + 5000 = 296000
682453 + 40321 = 722774	680000 + 40000 = 720000

Seite 46
645398, 672398, 675098, 675368, 675395
432567, 792567, 828567, 832167, 832527, 832563
499998, 499980, 499800, 498000, 480000, 300000

Seite 47

21327	40521	28341
96422	11142	22225

Seite 48
46000
20000 26000
10000 10000 16000
4000 6000 4000 12000

5800
3000 2800
1300 1700 1100
400 900 800 300

3920
2380 1540
1340 1040 500
600 740 300 200

3830
2070 1760
1040 1030 730
40 1000 30 700

5700
2400 3300
800 1600 1700
100 700 900 800

Seite 49

368628 – 86321 = 282307	282307 + 86321 = 368628
750082 – 431291 = 318791	318791 + 431291 = 750082
1006379 – 40598 = 965781	965781 + 40598 = 1006379
968570 – 49989 = 918581	918581 + 49989 = 968570

Seite 50
3 · 5 = 15 6 · 6 = 36
3 · 50 = 150 6 · 60 = 360
3 · 500 = 1500 6 · 600 = 3600
3 · 5000 = 15000 6 · 6000 = 36000
3 · 50000 = 150000 6 · 60000 = 360000

7 · 3000 = 21 000
7 · 300 = 2 100
7 · 3 = 21
7 · 30 = 210
7 · 30 000 = 210 000

9 · 7000 = 63 000
9 · 70 = 630
9 · 700 = 6 300
9 · 7 = 63
9 · 70 000 = 630 000

8 · 40 000 = 320 000
8 · 40 = 320
8 · 400 = 3 200
8 · 4 = 32
8 · 4 000 = 32 000

4 · 90 000 = 360 000
4 · 9 = 36
4 · 90 = 360
4 · 900 = 3 600
4 · 9 000 = 36 000

Seite 51

	5 · 6 · 4 = 120	8 · 5 · 9 = 360
5 · 6 · 2 = 60	4 · 5 · 9 = 180	6 · 5 · 7 = 210
8 · 5 · 5 = 200	5 · 2 · 7 = 70	8 · 5 · 9 = 360
2 · 5 · 9 = 90	5 · 8 · 4 = 160	6 · 5 · 9 = 270
5 · 8 · 2 = 80	5 · 4 · 2 = 40	4 · 5 · 3 = 60
5 · 8 · 6 = 240	4 · 5 · 7 = 140	2 · 5 · 9 = 90

Seite 52

4 236 · 7 = 29 652	5 849 · 6 = 35 094	7 316 · 3 = 21 948
5 906 · 9 = 53 154	4 018 · 3 = 12 054	9 889 · 6 = 59 334

Seite 53

157 666	59 774	347 208
762 711	776 294	210 093

Seite 54

1 807 288	4 397 169
21 938 288	
4 949 324	2 500 139

Seite 55

350 : 70 = 5
35 : 7 = 5
3 500 : 700 = 5
35 000 : 7 000 = 5
350 : 7 = 50
350 000 : 700 = 500

450 : 90 = 5
45 : 9 = 5
45 000 : 9 000 = 5
450 000 : 900 = 500
450 : 9 = 50
4 500 : 90 = 50

72 : 8 = 9
720 : 80 = 9
720 000 : 8 000 = 90
7 200 : 800 = 9
72 : 8 = 9
72 000 : 8 000 = 9

360 000 : 4 000 = 90
3 600 : 400 = 9
36 : 4 = 9
36 000 : 4 000 = 9
360 : 4 = 90
36 000 : 40 = 900

2 700 : 300 = 9
2 700 : 30 = 90
2 700 : 3 = 900

5 400 : 6 = 900
5 400 : 60 = 90
5 400 : 600 = 9

Seite 56

2 588 : 4 = 647
−24
18
−16
28
−28
0

2 322 : 9 = 258
−18
52
−45
72
−72
0

1 944 : 6 = 324
−18
14
−12
24
−24
0

2 768 : 8 = 346
−24
36
−32
48
−48
0

Seite 57

6 517 : 7 = 931 Probe: 931 · 7 = 6 517
5 176 : 8 = 647 Probe: 647 · 8 = 5 176
2 988 : 6 = 498 Probe: 498 · 6 = 2 988

Seite 58

6 860 : 7 = 980 Ü 7000 : 7 = 1 000
9 021 : 3 = 3 007 Ü 9000 : 3 = 3 000

Seite 59

4 874 : 7 = 696 R 2
Probe: 696 · 7 = 4 872 + 2 = 4 874

63 027 : 6 = 10 504 R 3
Probe: 10 504 · 6 = 63 024 + 3 = 63 027

5 308 : 9 = 589 R 7
Probe: 589 · 9 = 5 301 + 7 = 5 308

Seite 60

525 ct + 65 ct + 708 ct + 98 ct = 13,96 €
4,48 € + 123,52 € = 128,00 €
44,82 € + 27,03 € = 71,85 €
15,47 € − 11,26 € = 4,21 €
98,45 € − 19,57 € = 78,88 €

Seite 61

648 ct · 72 = 46 656 ct = 466,56 €
534 ct · 19 = 10 146 ct = 101,46 €
827 ct · 32 = 26 464 ct = 264,64 €
87 002 ct : 19 = 458 ct = 4,58 €
4 301 ct : 17 = 253 ct = 2,53 €
8 970 ct : 26 = 345 ct = 3,45 €
30 672 ct : 48 = 639 ct = 6,39 €

Seite 62

① R.: 825 ct · 12 = 9 900 ct = 99,00 €
A.: Nach einem Jahr hat Henri 99 € gespart.

② R.: 1 138,50 € : 9 = 126,50 €
A.: Jedes Enkelkind bekommt 126,50 €.

③ R.: 15 € · 12 = 180 € 30 € · 12 = 360 €
180 € + 360 € = 540 €
A.: Die Eltern bezahlen 540 € Taschengeld im Jahr.

④ 16 · 15 ct = 240 ct = 2,40 €
36 · 25 ct = 900 ct = 9,00 €
2,40 € + 9,00 € = 11,40 €
A.: Jonas erhält 11,40 € Pfand.

Seite 63

6 cm = 60 mm 103 mm = 10 cm + 3 mm
5 cm = 50 mm 68 mm = 6 cm + 8 mm

30 cm = 300 mm
7 cm = 70 mm
26 cm = 260 mm
91 cm = 910 mm

4 mm = 0 cm + 4 mm
72 mm = 7 cm + 2 mm
201 mm = 20 cm + 1 mm
122 mm = 12 cm + 2 mm

21 mm = 2,1 cm; 96 mm = 9,6 cm;
34 mm = 3,4 cm; 126 mm = 12,6 cm;
251 mm = 25,1 cm; 9 mm = 0,9 cm

200 cm = 2 m
600 cm = 6 m
1300 cm = 13 m
700 cm = 7 m
2800 cm = 28 m

570 cm = 5 m + 70 cm
332 cm = 3 m + 32 cm
901 cm = 9 m + 1 cm
496 cm = 4 m + 96 cm
21 cm = 0 m + 21 cm

Seite 64
1. 11,6 km, 2. 17 km, 3. 10,6 km,
4. 13,4 km, 5. 34,7 km

12,342 km, 5,678 km

Seite 65
① **R.:** 2 · 46 cm = 92 cm   2 · 36 cm = 72 cm
92 cm + 72 cm = 164 cm = 1,64 m
A.: Die Leiste muss 1,64 m lang sein.

② **R.:** 3 520 mm : 44 mm = 80   80 : 40 = 2
A.: Er muss 80 Streichhölzer nehmen.
Das sind 2 Schachteln.

1/4 m	25 cm	1/4 km	250 m
3/4 m	75 cm	3/4 km	750 m
1 1/2 m	150 cm	1 1/2 km	1500 m
1 1/4 m	125 cm	1 1/4 km	1250 m
2 1/2 m	250 cm	2 1/2 km	2500 m

Seite 66
1525 g = 1,525 kg
2552 g = 2,552 kg
525 g = 0,525 kg
250 g = 0,250 kg
12525 g = 12,525 kg
5520 g = 5,520 kg
25250 g = 25,250 kg
1502 g = 1,502 kg
5 g = 0,005 kg

150000 kg = 150,000 t
4000 kg = 4,000 t
83000 kg = 83,000 t
10000 kg = 10,000 t
2200 kg = 2,200 t
36000 kg = 36,000 t
5380 kg = 5,380 t
756 kg = 0,756 t
19 kg = 0,019 t
15675 kg = 15,675 t

Seite 67
① 3500 kg + 4263 kg = 7763 kg
② 40000 kg – 15236 kg = 24764 kg
③ 38750 kg – 15900 kg = 22850 kg

Seite 68
6 l = 6000 ml
8 l = 8000 ml
4 l = 4000 ml
2 l = 2000 ml
7 l = 7000 ml
9 l = 9000 ml
3 l = 3000 ml
10 l = 10000 ml

0,7 l = 700 ml
0,2 l = 200 ml
0,3 l = 300 ml
0,4 l = 400 ml

1 1/2 l = 1500 ml
1/4 l = 250 ml
3/4 l = 750 ml

2 1/4 l = 2250 ml
3 3/4 l = 3750 ml

Seite 69
① **R.:** 6 l + 3 l + 3 l = 12 l
12000 ml : 500 ml = 24
A.: Die Flaschen reichen für 24 Schüler.

② **R.:** 150 l + 25 l = 175 l
200 · 250 ml = 50000 ml = 50 l
A.: Er hat 175 l Milch und 50 l Sahne.

③ **R.:** 140 l · 6 = 840 l
A.: Die Familie Wasserfall verbraucht ungefähr 840 l Wasser.

④ **A.:** Finn bekommt das größere Glas.

Seite 70
360 min = 6 h
420 min = 7 h
540 min = 9 h
600 min = 10 h
120 min = 2 h
240 min = 4 h
720 min = 12 h
60 min = 1 h
300 min = 5 h
660 min = 11 h

456 min = 7 h 36 min
115 min = 1 h 55 min
612 min = 10 h 12 min
75 min = 1 h 15 min
219 min = 3 h 39 min
119 min = 1 h 59 min
185 min = 3 h 5 min
397 min = 6 h 37 min
155 min = 2 h 35 min
466 min = 7 h 46 min

105 s = 60 s + 45 s = 1 min 45 s
97 s = 60 s + 37 s = 1 min 37 s

Seite 71

Abfahrt	Fahrtdauer	Ankunft
14.23	1 h 26 min	15.49
15.51	32 min	16.23
16.25	19 min	16.44
16.46	3 h 10 min	19.56
19.58	29 min	20.27
20.29	42 min	21.11
21.15	1 h	22.15

5 min + 40 min + 1 h + 57 min = 2 h 42 min
9 min + 10 min + 5 h + 27 min = 5 h 46 min

Seite 72

4 Ecken 4 Seiten	4 Ecken 4 Seiten	4 Ecken 4 Seiten
6 Ecken 6 Seiten	3 Ecken 3 Seiten	5 Ecken 5 Seiten

Seite 73
Netze: Quader, Pyramide, Zylinder, Würfel

Seite 74
4 cm + 7 cm + 4,5 cm + 4,5 cm = 20 cm   U = 20 cm
2 · 4,5 cm + 2 · 2 cm = 13 cm   U = 13 cm
5,5 cm · 3 = 16,5 cm   U = 16,5 cm